Sipho Sikhumbuzo Masuku

Questões de política cultural socioeconómica com impacto no desenvolvimento comunitário

Sipho Sikhumbuzo Masuku

Questões de política cultural socioeconómica com impacto no desenvolvimento comunitário

ScienciaScripts

Imprint

Cover image: www.ingimage.com

This book is a translation from the original published under ISBN 978-3-330-32270-7.

Publisher:
Sciencia Scripts
is a trademark of
Dodo Books Indian Ocean Ltd. and OmniScriptum S.R.L publishing group

120 High Road, East Finchley, London, N2 9ED, United Kingdom
Str. Armeneasca 28/1, office 1, Chisinau MD-2012, Republic of Moldova, Europe
Managing Directors: Ieva Konstantinova, Victoria Ursu
info@omniscriptum.com

Printed at: see last page
ISBN: 978-620-8-40461-1

Resumo:

A África do Sul não está bem dotada de florestas autóctones e sabe-se que as que restam estão degradadas e em declínio a um ritmo alarmante. Isto constitui uma ameaça direta à qualidade de vida das famílias rurais pobres em recursos, que dependem diretamente dos recursos que as florestas indígenas oferecem, bem como à integridade ecológica. Reconhece-se igualmente que os recursos arbóreos em declínio, nomeadamente as espécies arbóreas autóctones de elevado valor, estão cada vez mais ameaçados por uma série de exigências crescentes de subsistência. Este facto realça a necessidade de estabelecer, cultivar e conservar espécies arbóreas de elevado valor.

A silvicultura comunitária é reconhecida como uma opção viável para otimizar a produtividade da terra; reduzir a pressão sobre as florestas e bosques indígenas; assegurar um abastecimento sustentável de produtos e serviços arbóreos desejados; e melhorar a qualidade de vida das famílias rurais pobres em recursos. O principal objetivo do Desenvolvimento da Silvicultura Comunitária (DFC) no distrito de Hlabisa é a prestação de um serviço de informação e de apoio técnico para melhorar os meios de subsistência das comunidades rurais através de recursos relacionados com as árvores.

A silvicultura comunitária centra-se principalmente nos recursos arbóreos que fazem parte integrante ou contribuem para a subsistência das populações rurais. Inclui pequenos produtores (talhões), bosques e florestas indígenas. A silvicultura comunitária pode ser definida como a cultura de árvores gerida pelas pessoas para as pessoas.

A silvicultura comunitária engloba um vasto leque de actividades que incluem a silvicultura agrícola, a agrossilvicultura, a plantação em aldeias, os bosques, a gestão de bosques e a gestão de florestas indígenas pela população rural, bem como a plantação de árvores em zonas urbanas e periurbanas.

As florestas naturais na África do Sul representam menos de 1 % da superfície terrestre total. Foi sugerido que estas florestas naturais já não serão capazes de satisfazer a procura de produtos florestais até 2020. O Departamento de Agricultura e Florestas de KwaZulu iniciou a silvicultura comunitária em 1976 (mas apenas numa base *ad hoc*) como uma possível solução para este dilema. Mais tarde, os dois gigantes sul-africanos da pasta de papel e do papel, SAPPI (1983) e Mondi (1989), iniciaram os programas Project Grow e Khulanathi, respetivamente.

Um dos objectivos dos programas de fomento era incentivar as comunidades rurais a plantar árvores nas suas próprias terras, devido aos benefícios económicos, sociais e ambientais que as árvores oferecem. Por exemplo, a madeira poderia ser vendida a empresas florestais. Foi oferecida assistência financeira a estas comunidades para incentivar a implementação de tais programas. Este exercício tinha como objetivo levar a atividade económica, o reforço das capacidades e a capacitação das comunidades para as zonas rurais. Os produtores beneficiariam da assistência financeira e do mercado facilmente disponível fornecido pela empresa, enquanto a empresa poderia satisfazer a sua procura de madeira.

CAPÍTULO 1

Introdução

1.1 Preâmbulo

A nova dispensa da África do Sul está enquadrada numa constituição que obriga a silvicultura comunitária a um desenvolvimento ecologicamente sustentável e à utilização das florestas e dos recursos naturais para a promoção de um desenvolvimento económico e social justificável (DWAF, 1996). O desenvolvimento da silvicultura comunitária (DFC) é reconhecido como um elemento importante da promoção da gestão dos recursos florestais. O compromisso da silvicultura comunitária consiste em criar um ambiente propício ao desenvolvimento económico local.

De acordo com um Livro Branco sobre o Desenvolvimento Florestal Sustentável (DWAF, 1996), a silvicultura comunitária é definida como sendo concebida e aplicada para satisfazer as necessidades sociais, domésticas e ambientais locais e para favorecer o desenvolvimento económico local. Esta definição foi formulada em termos das necessidades das pessoas que a silvicultura comunitária se destina a servir. Em alternativa, a silvicultura comunitária pode ser definida como o cultivo e a gestão de árvores pelas pessoas (Chavangi, 1989). A silvicultura comunitária engloba um vasto leque de actividades que, entre outras, inclui a silvicultura agrícola, a agroflorestação, a plantação comunitária ou em aldeias, os bosques, a gestão de bosques e a gestão de florestas indígenas pela população rural, bem como a plantação de árvores em zonas urbanas e periurbanas (DWAF, 1996).

O desenvolvimento rural é uma série de medidas integradas que promovem o desenvolvimento económico, institucional e social da população rural, melhorando assim a capacidade produtiva e o nível de vida da comunidade (Dedekind, 1992). De acordo com Christie e Gandar (1995), as projecções das necessidades de matéria-prima para a indústria florestal na África do Sul indicam que será necessária uma taxa de crescimento de 70% durante o período de vinte anos compreendido entre 1990 e 2010. Serão necessários 500 000 hectares adicionais para satisfazer as exigências do programa CFD.

Devido ao facto de a silvicultura comunitária desempenhar um papel vital como fonte de terra e madeira para a produção de produtos de madeira, a silvicultura comunitária continuará a ser uma parte integrante da indústria florestal. O objetivo da silvicultura comunitária é melhorar a qualidade de vida, tanto das comunidades rurais como urbanas, através do aumento da produção e da produtividade, e não através da prestação de assistência social. A implementação bem sucedida da silvicultura comunitária para iniciativas de desenvolvimento rural requer a participação da comunidade na formação e implementação do projeto de DFC (Erskine, Venn e Sangweni, 1994).

Anteriormente, as complexas questões sociais, económicas e culturais das pessoas não tinham sido abordadas pelo desenvolvimento florestal. Por conseguinte, é imperativo rever e reavaliar a DFC, não apenas para fornecer madeira para combustível e produção de postes às comunidades rurais pobres.

No início da década de 1980, os programas de cultivadores subcontratados interessaram-se por projectos de desenvolvimento de bosques (Scotcher, 1995). O Distrito de Hlabisa foi uma das áreas visadas e o projeto provou ser economicamente benéfico para os cultivadores e criou oportunidades de emprego para outros (Scotcher, 1995). Uma vez que a silvicultura comunitária está a tornar-se cada vez mais centrada nas pessoas, o objetivo deste estudo será abordar a questão de saber se o envolvimento do esquema de cultivadores subcontratados no programa DFC contribuiu para os meios de subsistência dos cultivadores de pequena escala em termos de consumo de lenha e geração de rendimentos.

A silvicultura comunitária, a nível nacional e provincial, está a centrar-se no desenvolvimento das florestas para sustentar os meios de subsistência das comunidades rurais. A lenha é disponibilizada pelas florestas naturais quando as áreas são limpas para cultivo, quando as comunidades realizam programas de controlo do mato e quando as comunidades vendem o excesso de madeira. As comunidades são altamente dependentes dos recursos florestais. No entanto, uma percentagem relativamente pequena de floresta encontra-se em áreas comunitárias (Gandar, 1994).

A África do Sul importa e utiliza grandes volumes de madeira para complementar os seus próprios abastecimentos (Gandar, 1994). A África do Sul tem, por conseguinte, uma grande responsabilidade, não só de conservar os seus próprios recursos, mas também de trabalhar com os seus vizinhos e beneficiários locais para os ajudar a gerir e desenvolver os seus recursos. O Governo é igualmente responsável pela adoção de medidas que permitam às comunidades sul-africanas comprar madeira e gerir operações sustentáveis (Gandar,

1994).

1.2 Hipóteses de investigação

1.2.1 Primeira hipótese

A participação dos produtores sob contrato no programa DFC contribuiu positivamente para os pequenos produtores em termos de consumo de lenha e de geração de rendimentos.

1.2.2 Segunda hipótese

As florestas indígenas contribuíram positivamente para a subsistência sustentável das comunidades rurais em termos de consumo de lenha e de geração de rendimentos.

1.3 Metas e objectivos

1.3.1 Objectivos

O presente estudo tem por objetivo avaliar em que medida os recursos florestais, as matas e as florestas autóctones devem ser geridos para uma utilização produtiva numa base comercial, tendo em conta o impacto social, económico, cultural e ambiental.

1.3.2 Objectivos

Os objectivos deste estudo são contribuir para o desenvolvimento dos mecanismos necessários para promover actividades de valor acrescentado socialmente justas e economicamente competitivas na indústria; e
para colmatar a divisão tradicional entre o consumo de madeira da comunidade rural e a produção de madeira orientada para o comércio.

Para atingir os objectivos previstos, a gestão florestal e os objectivos de desenvolvimento têm de ser cuidadosamente coordenados para maximizar os benefícios económicos, sociais e culturais de uma forma sustentável.

1.3.3 Objectivos específicos

O presente relatório tem por objetivo

- examinar o impacto da silvicultura comunitária no fornecimento de necessidades básicas, tais como lenha e outros produtos relacionados com a madeira, essenciais para as famílias rurais do Distrito de Hlabisa;
- estabelecer o papel e o impacto das questões de silvicultura comunitária que contribuirão para a

geração de rendimentos e de emprego através de programas de silvicultura comunitária e da identificação de produtos susceptíveis de serem colhidos das florestas arbóreas;

- apoiar as políticas governamentais de redução da pobreza e de desenvolvimento rural promissor, através da geração de rendimentos com base nos recursos arbóreos;
- determinar o grau de contribuição da silvicultura comunitária para a subsistência sustentável da comunidade, conservando os recursos naturais através da plantação de árvores e de uma gestão florestal adequada;
- avaliar a possibilidade de utilizar o programa DFC como um veículo potencial para envolver as comunidades locais na gestão participativa das florestas e contribuir para os seus meios de subsistência;
- tirar conclusões sobre o efeito e o impacto dos programas de DFC e formular recomendações que contribuam para a conceção e execução de programas de DFC eficazes e eficientes.

1.4 Metodologia de investigação

1.4.1 Introdução

O distrito de Hlabisa foi selecionado como área de estudo com base em reuniões de discussão com as partes interessadas; prestadores de serviços, incluindo o município local; estruturas e comunidades tradicionais; departamentos governamentais e esquemas de cultivadores subcontratados envolvidos numa tentativa de aliviar a pobreza na localidade. A autorização para trabalhar com a população local na área foi obtida primeiro das autoridades tradicionais locais. As estruturas tradicionais locais incluem as autoridades locais, tais como Amakhosi (chefes), Izinduna (chefes) e Conselheiros, que estão envolvidos em actividades de desenvolvimento na área.

As comunidades que residem dentro e ao redor das áreas que dependem da silvicultura ou dos recursos arbóreos para sustentar seus meios de subsistência foram entrevistadas primeiro. Estas incluíam produtores, curandeiros tradicionais e indivíduos que dependem da recolha de lenha, da escultura em madeira e do material de construção desta área para a sua subsistência.

Foram também entrevistados representantes de departamentos governamentais presentes na zona e representantes de esquemas de cultivadores subcontratados envolvidos nos programas de desenvolvimento,

bem como os cultivadores não-alinhados. Os departamentos incluem o Departamento de Agricultura e Assuntos Ambientais (DAEA) (KZN), o Departamento de Saúde (DoH) e o Departamento de Vida Selvagem de KwaZulu-Natal (KZNWL).
Embora o Sappi Project Grow também esteja envolvido em programas de DFC no distrito de Hlabisa, apenas o Mondi (Khulanathi) Out-grower Scheme está ativamente envolvido em programas de DFC nos distritos de Mpembeni e Hlambanyathi.

Após uma reunião introdutória com os principais inquiridos, o passo seguinte consistiu em obter a aceitação, a confiança e a segurança das pessoas, articulando explicitamente os objectivos da investigação. Depois de compreenderem o significado da investigação e o seu valor potencial para a sua comunidade, as pessoas mostraram-se dispostas a cooperar e a participar no processo de estudo sempre que o seu envolvimento fosse necessário.

Foi adoptada uma combinação de métodos de investigação quantitativos e qualitativos. A metodologia de investigação qualitativa combina dois instrumentos: entrevistas com informadores-chave e grupos de discussão. Os informadores-chave foram envolvidos em entrevistas informais e formais. Foi efectuado um inquérito qualitativo utilizando a Avaliação Rural Participativa (ARP). Este método utiliza grupos de discussão para recolher diversas perspectivas sobre o conceito em estudo (Chambers, 1993). Também dá ao investigador a oportunidade de explorar, em pormenor, as questões levantadas pelo método quantitativo.

Foram escolhidos dez informadores-chave entre as pessoas com influência nas comunidades, bem como utilizadores actuais e passados dos recursos. Estes incluíam os Amakhosi locais de Hlambanyathi e Mpembeni, Izinduna (chefes), Conselheiros, construtores de casas locais, colectores de lenha, colectores de plantas medicinais, curandeiros tradicionais e membros dos esquemas locais de cultivadores subcontratados.
Para garantir a obtenção de opiniões de todos os grupos de discussão e informantes-chave, foram entrevistados homens e mulheres. Os participantes no grupo de discussão foram selecionados entre os grupos de recursos-chave existentes: por exemplo, membros do Comité de Desenvolvimento, colectores comerciais de "muthi", utilizadores de recursos florestais de subsistência, membros do esquema de cultivadores subcontratados e curandeiros tradicionais. Os curandeiros tradicionais e os membros do esquema de cultivadores subcontratados foram os principais participantes durante todo o processo.

Para garantir a homogeneidade e evitar o domínio nos grupos de discussão, o número de participantes foi limitado a cinco ou seis pessoas. Isto encorajou a abertura e a boa participação, dando a todos os participantes a oportunidade de exprimirem as suas opiniões.

1.4.2 Avaliação Rural Participativa (PRA)

O PRA permite que as comunidades rurais partilhem os seus conhecimentos através da realização das suas próprias investigações, modelação, diagramação, classificação e quantificação. O PRA também ensina as pessoas de fora e os investigadores a administrar a análise e a apresentação dos planos, e a apropriar-se dos seus resultados (Chambers, 1993). Uma vantagem desta metodologia é o facto de permitir as inversões necessárias. Chambers (1993) sugeriu que esta metodologia promove os elementos de aprendizagem com e a partir das comunidades rurais, elicitando e utilizando os seus critérios e categorias. Continuou afirmando que facilita a descoberta, a compreensão e a valorização do conhecimento técnico indígena (Chambers, 1993). O PRA também permite uma aprendizagem progressiva, que é flexível, exploratória, interactiva e inventiva (Chambers, 1993).

Esta metodologia de investigação-ação participativa tenta fornecer um meio para que as pessoas envolvidas em situações complexas tentem encontrar respostas por si próprias. Este método não dá respostas diretas (Engel & Solomon, 1997), mas fornece uma abordagem para formar uma equipa e iniciar uma análise da organização social do sistema. A utilização desta metodologia aumenta a consciencialização e a compreensão e ajuda a desenvolver um sentido de objetivo comum.

A interação entre os participantes com diferentes visões do mundo, combinada com as várias perspectivas analíticas estimuladas pelo RAAKS, actua como um veículo para o processo de aprendizagem: a equipa procura uma apreciação geral do problema que seja suficientemente extensa para lidar adequadamente com as muitas facetas do problema (Vogelzang, 1999).

1.4.2.1 Entrevistas estruturadas (S) e semi-estruturadas (SSI)

As SSI são uma das principais ferramentas utilizadas nas PRA. Estas assumem a forma de entrevistas guiadas, em que apenas algumas das questões são pré-determinadas. As entrevistas de ARP utilizam uma lista de verificação de perguntas como um guia flexível, em vez de questionários formais, enquanto que nas entrevistas estruturadas, muitas perguntas são formuladas antes das entrevistas (Emerton, Kanyanya, Kareko, Maina, Ngige & Wangwe, 1996; Chambers, 1993; Dane, 1990). Esta é a forma mais útil de falar com as pessoas, particularmente durante as fases de planeamento e orientação. Uma outra vantagem deste método é que as pessoas usam a sua própria linguagem e o seu próprio vocabulário quando discutem questões que afectam o objeto de investigação, e estão, portanto, em melhor posição para expressar as suas próprias perspectivas. Tem também a vantagem da flexibilidade, que permite ao entrevistador explorar mais profundamente as opiniões dos inquiridos, o que resulta numa maior quantidade e variedade de informações do que as que resultariam de uma entrevista estruturada.

No âmbito de uma abordagem qualitativa, foi utilizada uma estratégia de entrevista individual, em que as entrevistas foram realizadas com uma amostra de oportunidade de inquiridos individuais selecionados propositadamente.

Por último, a informação obtida através de entrevistas individuais era mais pessoal do que a obtida através de entrevistas de grupo. Assim, era mais provável que revelasse conflitos no seio da comunidade, uma vez que os inquiridos sentiam que podiam falar mais livremente sem a presença de vizinhos.

1.4.2.2 Avaliação rápida dos sistemas de conhecimentos agrícolas (RAAKS)

Esta metodologia de investigação-ação participativa tenta fornecer um meio para que as pessoas envolvidas em situações complexas tentem encontrar respostas por si próprias. Este método não dá respostas diretas (Engel & Solomon, 1997), mas fornece uma abordagem para formar uma equipa e iniciar uma análise da organização social do sistema. A utilização desta metodologia aumenta a consciencialização e a compreensão e ajuda a desenvolver um sentido de objetivo comum.

A interação entre participantes com diferentes visões do mundo, combinada com as várias perspectivas analíticas estimuladas pelo RAAKS, actua como um veículo para o processo de aprendizagem - a equipa procura uma apreciação geral do problema que seja suficientemente extensa para lidar adequadamente com as muitas facetas do problema.

1.4.3 Exercícios de inquérito

Em conjunto com os workshops e as entrevistas, foi distribuído um questionário. O objetivo dos questionários na investigação é avaliar algumas das caraterísticas ou opiniões dos inquiridos (Dane, 1990 & May, 1993). Esta metodologia foi utilizada durante o processo de estudo para cobrir todos os tópicos relativos à informação necessária. No questionário, foi utilizada uma combinação de perguntas abertas e fechadas.

As vantagens desta abordagem são o facto de as respostas serem padronizadas, poderem ser comparadas de pessoa para pessoa e serem muito mais fáceis de codificar e analisar (Bailey, 1982). Um questionário de perguntas fechadas foi útil para acomodar os tópicos sensíveis. Na recolha de dados, foi utilizado um questionário baseado em entrevistas, que incluía perguntas abertas e fechadas. O questionário baseou-se na informação recolhida de uma extensa pesquisa bibliográfica sobre a silvicultura comunitária e a tomada de decisões pela comunidade (ver Apêndice 1). Os indivíduos das comunidades que decidiram aderir a um dos programas de silvicultura para produtores externos foram identificados com a ajuda das empresas florestais.

As entrevistas foram realizadas na forma de diálogos estruturados e aprofundados (Dane, 1990) e os questionários foram preenchidos imediatamente para reduzir imprecisões nas informações captadas. O objetivo era identificar as variáveis que influenciam a decisão dos membros da comunidade de plantar ou não árvores nas suas terras. Além disso, deve ser enfatizado que este estudo se concentrou nas percepções da comunidade sobre a plantação de árvores e as questões que afectam a silvicultura comunitária. Por estas razões, entrevistas com empresas florestais comunitárias, usando um conjunto separado de perguntas (ver Anexo 2), fizeram parte da metodologia do estudo.

O questionário foi estruturado de modo a captar a informação demográfica dos inquiridos, informação sobre a atribuição e utilização da terra, informação sobre a medida em que a plantação de árvores estava a ser efectuada, bem como informação sobre o nível de compreensão da silvicultura comunitária por parte das comunidades. Os questionários também captaram informações sobre as atitudes e percepções dos membros da comunidade em relação à silvicultura comunitária.

CAPÍTULO 2

Área de estudo

2.1 Introdução

Antes de 1994, o distrito de Hlabisa estava dividido em quatro distritos, chefiados por quatro chefes (Amakhosi). Estas alas eram Mpukunyoni, chefiada por Inkosi Mkhwanazi; Mdletsheni, chefiada por Inkosi Mdletshe; Hlambanyathi, chefiada por Inkosi Hlabisa; e Mpembeni; chefiada por Inkosi Hlabisa, de acordo com este estudo. (Os dois últimos chefes têm o mesmo apelido. Para evitar confusões, o chefe de Hlambanyathi será referido como Inkosi Hlabisa (a) e o chefe de Mpembeni será referido como Inkosi Hlabisa (b) ao longo deste documento).

Depois de 1994, o distrito foi subdividido em 19 bairros, ainda chefiados pelas mesmas autoridades tradicionais, mas com conselheiros democraticamente eleitos para cada bairro. O distrito de Hlabisa pertence ao Município do Distrito de Umkhanyakude (DC 27). O município de Hlabisa, que é o município local (KZ274), é composto por 19 bairros e tem 37 vereadores. O novo nome do município é Município de Hlabisa/Impala e a sua área geográfica é de 1417 quilómetros quadrados.

Este estudo centrou-se em Hlambanyathi, sob o Inkosi Hlabisa (a) e Mpembeni, sob o Inkosi Hlabisa (b). Estas duas áreas foram escolhidas devido à utilização extensiva de florestas indígenas e à taxa de utilização das florestas para uso doméstico local. Existem bosques tribais na área, que foram plantados pelo Departamento de Agricultura e Florestas, para fornecer lenha e material de construção às comunidades. Para além disso, estas florestas são uma fonte de rendimento, através da qual as autoridades tribais podem construir escolas e prestar outros serviços à comunidade. A Mondi iniciou o estabelecimento de bosques através dos seus projectos Khulanathi em 1983, que ajudaram as comunidades locais com projectos de plantação de árvores. No entanto, este esforço era mais um empreendimento comercial do que um projeto baseado na comunidade. A lenha não era uma questão crítica, uma vez que as alas de Hlambanyathi e Mpembeni foram electrificadas.

A situação atual no Município do Distrito de Hlabisa/Impala é tal que a desflorestação constitui um problema grave. Este facto pode ser atribuído principalmente à elevada taxa de desemprego na região. As comunidades vendem plantas medicinais como fonte de rendimento, assim como limpam a terra para actividades agrícolas e recolhem madeira para lenha, produção de postes, madeira e material de construção.

O distrito de Hlabisa tem uma atividade económica limitada. A maioria das pessoas no Distrito está envolvida na agricultura, especialmente na produção de cana-de-açúcar, que é a principal fonte de rendimento. Existe uma pequena indústria de moagem de cana-de-açúcar situada na vizinha Mtubatuba. A emigração para as grandes cidades, como Empangeni, Durban e Joanesburgo, é comum na região, devido à elevada taxa de desemprego. Atualmente, está a ser construída uma estrada alcatroada de Mtubatuba a Nongoma, o que proporciona trabalho a várias pessoas locais.

2.2 Esboço demográfico do distrito de Hlabisa:

(As informações contidas nas subsecções intituladas *Localização, Topografia* e *Clima* foram retiradas do *Guia para a plantação de árvores* de L.M. Francis: *Zululand,* um panfleto publicado pelo Departamento de Florestas em 1977).

2.2.1 Localização:

O município do distrito de Hlabisa/Impala está situado na parte norte de KwaZulu-Natal e na parte sul das montanhas Lebombo. Estende-se desde o rio Umfolozi, a sul, até ao sopé das montanhas Lebombo, a norte. O distrito está situado a uma altitude entre 150 e 600 m, no sopé oeste e leste das montanhas Lebombo. A temperatura no distrito é grandemente afetada pelo Oceano Índico quente. Este facto tem o efeito de reduzir as amplitudes térmicas ao longo da região costeira. Em altitudes elevadas no interior, a radiação é elevada, mas as temperaturas descem rapidamente à medida que a altitude diminui, resultando em grandes amplitudes térmicas.

A topografia acidentada das bacias hidrográficas inclui declives acentuados, que afectam as temperaturas nos vales fechados. As encostas viradas a norte recebem toda a força do sol e o distrito torna-se muito quente, enquanto as encostas viradas a sul registam condições mais frescas e sombrias. Ao longo da faixa costeira, as condições permanecem relativamente quentes, húmidas e sem geadas.

2.2.2 Topografia:

A faixa costeira da Zululândia, desde a foz do rio Tugela até à fronteira com Moçambique, é parcialmente ondulada, sendo a planície costeira plana caracterizada por dunas costeiras na fronteira marítima oriental. A sul, as encostas costeiras elevam-se até aos afloramentos graníticos de Table Mountain Sandstone. Mais a norte, a planície costeira alarga-se e avança rapidamente para a cordilheira de Ubombo, que é constituída por lava basáltica. No interior, a oeste, existem numerosas bacias hidrográficas, algumas com mais de 1700 m de altitude. Muitos rios correm para leste em vales profundos a partir destas bacias hidrográficas: por exemplo, os rios Tugela, UMhlathuze, Umfolozi, Mkhuze e Phongola.

2.2.3 Clima:

A precipitação varia consideravelmente no distrito, indo de mais de 1500 mm em algumas partes a menos de 330 mm noutras. A precipitação é maioritariamente derivada de correntes de ar oceânicas húmidas. Nos meses de verão, são comuns as trovoadas. A estação das chuvas decorre de outubro a março. Ao longo da costa, pelo menos um terço da precipitação ocorre durante o período de inverno. A precipitação no inverno diminui para oeste, em direção ao interior, onde os Invernos são nitidamente mais secos. Os períodos de baixa pluviosidade são registados nos chamados "ciclos de seca", que podem prolongar-se por vários anos. Estes períodos de seca limitam a plantação de árvores e dão origem a condições extremas de risco de incêndio para os produtores de madeira.

O distrito de Hlabisa tem uma precipitação média anual de 760 mm no verão, com uma temperatura média de 35 graus Celsius. Durante o inverno, a temperatura é apenas moderadamente quente, com uma média de 25 graus Celsius. Os ventos de superfície predominantes são principalmente de nordeste e sudoeste. O vento de sudoeste está normalmente associado a tempo fresco, nuvens baixas e chuva. Também se podem esperar ventos fortes vindos do sul. Os ventos de nordeste trazem geralmente tempo bom e quente. Os ventos quentes e secos de noroeste, que sopram durante vários dias seguidos, também se fazem sentir na parte costeira do Distrito. Os ventos meridionais são frequentemente carregados de sal ao longo da costa, descolorando por vezes a folhagem das plantas. Uma caraterística desta zona é o facto de o vento do norte poder diminuir subitamente e ser quase instantaneamente seguido por um vento do sul muito forte.

2.2.4 População:

A população atual do distrito de Mpembeni está estimada em 10 000 pessoas de uma população de aproximadamente 230 000 no Distrito Municipal. Mpembeni tem 319 agregados familiares, enquanto Hlambanyathi tem 1 898 propriedades, com uma população estimada em 22 284 pessoas (ver Anexo 3). De acordo com este estudo, as informações recolhidas indicam que o tamanho do agregado familiar varia entre cinco e oito pessoas. A maioria destas pessoas depende da produção agrícola e dos produtos florestais para a sua subsistência.

2.2.5 Vegetação:

A vegetação inclui campos de cana-de-açúcar e de milho, matos e florestas naturais, com bosques a crescer nas zonas mais húmidas. A preferência de diferentes espécies de árvores por determinados solos é indicada pela forma como os pinheiros florescem tanto em solos argilosos como em solos leves e arenosos. Normalmente, estas espécies têm sistemas radiculares que dependem, em grande medida, dos nutrientes da superfície. No entanto, as comunidades têm mais interesse nos eucaliptos do que nos pinheiros, devido ao facto de os primeiros serem comercializáveis. A maioria dos eucaliptos tem um sistema radicular mais extenso, uma capacidade de obter nutrientes a uma maior profundidade e prefere solos ricos em cálcio, embora também sejam tolerantes a um pH baixo (Francis, 1997).

As comunidades também preferem *o Eucalyptus grandis,* ou clones do mesmo, porque normalmente crescem bem em solos mais ricos, mas dão bons resultados em solos pobres e arenosos. Espécies como o *E. camaldulensis, E. paniculata* e *E. sideroxylon* não se dão bem em solos ácidos. Francis (1977) indicou que as espécies de folha larga, como os choupos e os carvalhos, crescem geralmente bem em solos mais ricos e dão maus resultados em solos pobres e arenosos. Outras espécies, como o *Pinus halepensis* e *o Cedrus deodara,* não toleram solos ácidos.

No norte de Zululand, incluindo o Distrito de Hlabisa, as árvores de Marula *(Sclerocarya caffra)* estão confinadas aos solos vermelhos de basalto ou dolerite bem drenados, enquanto que o mato predomina nos solos pretos de basalto (Francis, 1977). Francis (1977) observou que, com algumas excepções, os solos alcalinos não são adequados para o crescimento de árvores como *Boscia albitrunca* (Árvore do Pastor) e *Casuarina equisetifolia* (Pau-brasil). Quase todas as árvores requerem solos bem drenados e não se darão bem em solos que ficam encharcados.

A erosão pode ser encontrada nalguns lugares, especialmente em Hlambanyathi, onde existem grandes ravinas sem vegetação. Embora as comunidades do distrito tenham sofrido uma seca há alguns anos atrás, ainda se acredita que a terra no distrito é fértil (Nuitjen, 1996). As comunidades sobreviviam de culturas como o milho, sorgo, batata doce, feijão, feijão-frade e feijão jugo. As comunidades de Hlabisa têm hortas comunitárias, bosques comunitários e gado. As hortas comunitárias são por vezes propriedade conjunta para produzir legumes para consumo local ou para vender a outros membros que não fazem parte do projeto. Os programas do CDF podem dar um grande impulso às questões socioeconómicas e culturais do distrito. A comunidade de Hlabisa beneficiaria, portanto, da combinação de actividades florestais e agrícolas (Nuitjen, 1996).

2.2.6 Instalações:

Muitas casas têm eletricidade, mas poucas têm acesso a água municipal. A maioria das pessoas tem de ir buscar água a torneiras centrais ou a furos. Existem vários supermercados no centro da cidade de Hlabisa, que também tem as seguintes comodidades: um hospital, uma esquadra de polícia, uma estação ferroviária, um tribunal de magistrados, uma estação de correios, uma Unidade de Investigação de Proteção contra o VIH/SIDA, um centro comercial, uma praça de táxis e os escritórios distritais do Departamento de Agricultura local. Em contrapartida, apenas algumas pequenas lojas satisfazem as necessidades da comunidade local nas zonas rurais de Mpembeni.

As infra-estruturas rodoviárias são execráveis e o bairro de Mpembeni está muito isolado. Existe apenas uma estrada, que atravessa a cidade de Hlabisa de Mtubatuba a Nongoma. A população local utiliza principalmente esta estrada para se deslocar a Mtubatuba ou Nongoma. Os transportes de Hlabisa Town para Mpembeni Ward são inadequados, mas as carrinhas e, por vezes, os táxis transportam as pessoas de e para Hlabisa Town. Os autocarros Zungu transportam a população local para Nongoma ou Mtubatuba e são o único meio de transporte na zona. As zonas mais remotas não são de todo acessíveis por autocarro.

CAPÍTULO 3

Ligar os agregados familiares à política de desenvolvimento da reconstrução

3.1 Introdução:

De acordo com a *política de gestão sustentável das florestas na África do Sul* (DWAF, 1995), todos os sul-africanos têm interesse na silvicultura. A política indica ainda que todos devem beneficiar de produtos como a madeira para construção, o papel, a madeira para minas, a lenha e outros produtos florestais, que podem satisfazer as suas necessidades materiais. Assim, os acionistas das empresas florestais (a nível mundial) que investiram na silvicultura são também partes interessadas importantes. No entanto, a maior parte das pessoas envolvidas na silvicultura são trabalhadores da indústria florestal e vivem em zonas rurais (DWAF, 1995).

A indústria florestal na África do Sul tem dado um contributo significativo para a economia e tem um enorme potencial para desempenhar um papel importante no desenvolvimento de comunidades rurais empobrecidas. A taxa de crescimento do consumo de produtos de madeira, a nível nacional e internacional, continua, embora com algumas flutuações (Scotcher, 1995). Os países industrializados do hemisfério norte registam taxas de crescimento relativamente baixas, enquanto muitos países com economias em desenvolvimento registam taxas de crescimento elevadas (Scotcher, 1995).

As estimativas de Scotcher (1995) indicam que uma área total de cerca de 1 382 261ha de madeira na África do Sul é utilizada para a florestação comercial, sendo a madeira utilizada para pasta de papel, madeira serrada, madeira para minas, painéis, postes, carvão vegetal e lenha. Esta atividade satisfaz a procura crescente de produtos de madeira na África do Sul. As plantações comerciais de pinheiro, goma e acácia foram inicialmente estabelecidas pelo Estado em 1875, tendo sido plantadas árvores em Knysna, no Cabo Meridional, e em King William's Town, no Cabo Oriental (Cape Forest Act, 1889).

O facto de a qualidade dos produtos de madeira utilizados por um país poder ser utilizada como medida do crescimento económico é demonstrado internacionalmente (Scotcher, 1995). Segundo Scotcher (1995), este facto explica o rápido crescimento da Coreia entre 1970 e 1990, onde o consumo per capita de papel e cartão aumentou de 13 kg para 100 kg por pessoa. Da mesma forma, a Suécia, um país industrializado do hemisfério norte, viu o consumo per capita de papel e cartão crescer de 195 kg por pessoa para 225 kg por pessoa durante o mesmo período (Scotcher, 1995). Assim, esta é uma indicação de que o crescimento económico na África do Sul pode ser aumentado, pelo menos até certo ponto, pelo consumo de produtos de madeira.

Embora o programa de DFC em KwaZulu-Natal tenha começado já em 1976 numa base *ad hoc*, em 1983, o SAPPI iniciou o Projeto Grow, patrocinado pela Gencor (Scotcher, 1995). Esta iniciativa visava ajudar as comunidades interessadas em projectos de desenvolvimento florestal. Em 1989, a Mondi seguiu o exemplo, iniciando o seu projeto de desenvolvimento de bosques de Khulanathi (Scotcher, 1995).

3.2 A silvicultura comunitária e a necessidade de desenvolvimento da reconstrução:

A silvicultura comunitária foi definida como uma silvicultura concebida e aplicada para satisfazer as necessidades locais, sociais, domésticas e ambientais e para favorecer o desenvolvimento económico local (Lele, 1976). No entanto, deve ser implementada por ou com a participação das comunidades. Assim, devido à situação das economias rurais em termos de recursos e finanças, as comunidades são susceptíveis de aceitar qualquer forma de intervenção que prometa o fornecimento de recursos e finanças. Por conseguinte, é imperativo avaliar em que medida a DFC contribui para o desenvolvimento rural.

O desenvolvimento rural na silvicultura comunitária depende de uma série de factores, tais como actividades contínuas que ocorrem durante um período de tempo (Lele, 1976). Lele (1976) comentou que o poder e a autoridade de acordo com os quais as decisões são tomadas em relação aos recursos, ou os meios pelos quais os bens e serviços são produzidos, devem ser investidos na comunidade local. Lele (1976) continuou afirmando que a distribuição, o consumo e o acesso aos recursos disponíveis, particularmente a terra e o capital, devem ser da responsabilidade da comunidade local. Desta forma, as comunidades obteriam o máximo benefício dos projectos de silvicultura comunitária e as necessidades humanas básicas poderiam ser satisfeitas da melhor forma (Lele, 1976).

Cerca de 40 % dos sul-africanos vivem em zonas rurais e retiram pelo menos parte dos seus meios de subsistência da terra e da gestão dos recursos naturais (DWAF, 1995). A política de gestão sustentável das florestas indica que as mulheres e as crianças predominam nestes 40 % da população rural sul-africana (DWAF, 1995). É ainda indicado que o rendimento médio das famílias rurais é muito inferior ao das famílias urbanas (DWAF, 1995).

A pobreza é endémica nas zonas rurais da África do Sul. A nova Constituição sul-africana obriga a nação a combater as desigualdades e as injustiças do passado. Os direitos dos sul-africanos das zonas rurais à dignidade humana e a uma melhor qualidade de vida são claramente reconhecidos e constituem os principais objectivos do PDR, bem como de numerosas outras declarações políticas (DWAF, 1995). Antes de 1996, 51% dos agregados familiares africanos auferiam um rendimento mensal médio inferior a 400 rands (DWAF, 1995). Os níveis de desemprego são desproporcionadamente elevados nas comunidades rurais pobres, em especial no que respeita às mulheres. Estas comunidades dispõem de recursos limitados; foram vítimas de colonização forçada, de falta de controlo democrático do desenvolvimento e de uma educação deficiente; e, nas zonas agrícolas brancas e nas plantações florestais, de uma proteção inadequada dos direitos laborais (DWAF, 1995). Estas são as questões que devem ser abordadas através do desenvolvimento rural no PDR.

A silvicultura comunitária pode dar um contributo importante para o desenvolvimento rural integrado (DWAF, 1995). Além disso, o documento de reflexão sobre a política de gestão sustentável das florestas na África do Sul (DWAF, 1995) indica que se calcula que um terço dos agregados familiares na África do Sul dependem da lenha. As mulheres destes agregados familiares percorrem frequentemente longas distâncias a pé para recolher lenha. Conservadoramente, cerca de cinco horas por agregado familiar por semana é o tempo médio gasto desta forma, dependendo da distância a percorrer (DWAF, 1995). De acordo com a estimativa fornecida, são consumidas cerca de 11 milhões de toneladas de madeira por ano, das quais cerca de 6,6 milhões de toneladas têm de ser colhidas em florestas naturais e bosques (DWAF, 1995).

A motivação para a silvicultura comunitária baseia-se, portanto, na necessidade sentida de fornecer energia à grande maioria dos agregados familiares rurais que dependem da madeira ou de outra biomassa. No entanto, a madeira é apenas uma das formas de energia disponíveis. Muitos agregados familiares já substituíram a madeira por outros combustíveis, como o gás, a parafina, o carvão e a eletricidade. As florestas têm suprido a necessidade de lenha, mas a madeira das florestas tem demonstrado ser de maior valor quando utilizada para outros fins que não a lenha. As árvores desempenham assim um papel central na satisfação das necessidades das comunidades rurais.

Para além de fornecerem combustível, rendimento, alimentos e uma série de benefícios menos tangíveis, mas igualmente importantes, as árvores podem proteger os recursos naturais. Assim, a componente arbórea das técnicas de geração de rendimentos deve ser eficazmente desenvolvida para que a pobreza rural possa ser combatida de forma sustentável e significativa. O PDR identifica o desenvolvimento rural como um objetivo primordial, sendo a silvicultura um elemento importante do desenvolvimento dos recursos naturais locais. Deverá ser adoptada uma abordagem multissectorial, em que as agências governamentais locais, provinciais, de desenvolvimento de projectos e nacionais.

Os objectivos da DFC no domínio da capacitação rural promovem a utilização dos recursos rurais de forma a atenuar a pobreza, tanto material como imaterial. Estes objectivos incluem, nomeadamente, o aumento do rendimento das populações rurais e a expansão da produção agrícola e da produtividade. O desenvolvimento rural contemporâneo deve ser orientado principalmente para a promoção de mudanças que afectem simultaneamente a distribuição e o crescimento do rendimento, o emprego, a nutrição, a saúde e a qualidade de vida nas zonas rurais (Fox & Webber, 1981; Douglas, 1983). A silvicultura comunitária no desenvolvimento rural tem dimensões económicas e socioculturais.

De acordo com Abbott e Makeham (1979), os principais indicadores do desenvolvimento rural devem ser claramente identificados e incluem

- rendimento por pessoa e por agregado familiar;
- esperança de vida;
- nível de literacia e emprego da população economicamente ativa;
- proporção de crianças entre os 5 e os 15 anos que frequentam a escola;
- alimentação em termos de calorias disponíveis por pessoa em relação ao valor calórico requisitos.

Em alternativa, a silvicultura comunitária pode contribuir significativamente para esse desenvolvimento, tanto económica como socialmente, desde que seja devidamente planeada e orientada. A silvicultura e a indústria florestal têm o potencial de desempenhar um papel importante, entre outras coisas, no emprego das comunidades rurais através de instalações extensivas, tais como esquemas de produção sob contrato. As pessoas são capacitadas através da formação e da educação, o que lhes permite fazer parte do sistema económico (Edwards, 1994). Também se indica que a disponibilidade de madeira proveniente de projectos florestais comunitários incentiva o desenvolvimento de outras actividades de subsistência de pequena escala, como a escultura em madeira, que beneficia diretamente a população local (Edwards, 1994).

Além disso, Foley e Barnard (1984) indicaram que a silvicultura comunitária desempenha um papel importante na economia rural, porque as árvores podem servir como fonte de alimentos, fornecendo frutos à comunidade, e como fonte de material de construção, além de oferecerem sombra e corta-ventos. As comunidades rurais podem gerar rendimentos através da plantação de árvores em terrenos marginais que têm muito pouco ou nenhum valor para fins agrícolas. A silvicultura comunitária nas comunidades rurais tem como objetivo não só a produção de produtos arbóreos, que são, na maioria dos casos, necessários às empresas florestais comerciais para a produção de madeira e outros produtos relevantes, mas também servir como parte integrante do desenvolvimento sustentável nas comunidades rurais (Gregersen, Draper & Elz, 1989).

As pessoas que beneficiam dos programas oferecidos pela DAEA e pelo DWAF estão em condições de prestar aconselhamento especializado, a fim de contribuir para uma maior produtividade e um desenvolvimento sustentável. Essa produtividade e sustentabilidade trariam os maiores benefícios para a atual geração de sul-africanos rurais. É indubitável que existe potencial para satisfazer as necessidades e aspirações das gerações futuras, tendo em conta factores sociais, culturais, ambientais, ecológicos e económicos.

3.3 Silvicultura comunitária para sustentar os meios de subsistência:

A silvicultura comunitária tem tido pouco êxito nas comunidades rurais da África do Sul, devido à falta de uma política eficaz e de um quadro institucional de apoio adequado (DWAF, 1996). Além disso, o mesmo Livro Branco reconhece a contribuição significativa, mas em grande parte não reconhecida, da silvicultura comunitária para a subsistência rural em termos económicos, ambientais e sociais (DWAF, 1996). A fim de corrigir o desequilíbrio do passado, o Livro Branco salienta a necessidade de considerar a silvicultura comunitária no contexto dos sistemas de subsistência e dos objectivos das populações rurais (DWAF, 1996). Estas necessidades são frequentemente mais vastas do que as perspectivas e definições estreitas e baseadas na subsistência da silvicultura comunitária permitiam anteriormente.

As oportunidades geradoras de rendimentos são um incentivo poderoso para as pessoas se envolverem em actividades de silvicultura comunitária. É importante reconhecer que a silvicultura comunitária não significa apenas plantar árvores: significa também gerir os extensos recursos florestais da África do Sul. Assim, é vital que o Governo apoie as iniciativas de silvicultura comunitária.

As eleições de 1994 deram origem a um Governo de Unidade Nacional, vinculado à Constituição, e ao início de um novo regime, e anunciaram um governo empenhado no desenvolvimento ecologicamente sustentável, na utilização dos recursos naturais e na promoção de um desenvolvimento económico e social justificável.

O Governo Nacional reiterou o seu compromisso de promover o desenvolvimento, emitindo numerosas declarações políticas, incluindo a Estratégia Macroeconómica, e instituindo o PDR. Esta estratégia visava o desenvolvimento local e baseia-se numa abordagem multissectorial desse desenvolvimento. O objetivo nacional era alcançar um crescimento equitativo, um desenvolvimento sustentável, o pleno emprego e a redução da pobreza. Neste contexto, o papel do governo pode ser considerado como a prestação de serviços básicos e a criação de um ambiente favorável ao desenvolvimento económico local. A direção da silvicultura comunitária indica que a sua visão em relação ao desenvolvimento consiste em contribuir para a elevação social e económica de toda a população da África do Sul, promovendo a utilização responsável e sustentável dos recursos naturais e incentivando o desenvolvimento centrado nas árvores (DWAF, 1997).

A política agrícola do KwaZulu-Natal indica que entre 40 % e 60 % da população rural do KwaZulu-Natal vive em diferentes estados de pobreza, o que constitui um grave fator de inibição do desenvolvimento rural (DAEA, 1996). A diminuição da absorção de mão de obra em todos os sectores está a resultar num aumento do desemprego (DAEA, 1996). A população rural está a crescer a uma taxa de aproximadamente 2,5% por ano e um terço da população potencialmente ativa está desempregada (DAEA, 1996). A política agrícola em KwaZulu-Natal indica que os actuais sistemas de educação e formação não equipam adequadamente as comunidades rurais para se envolverem no seu próprio desenvolvimento (DAEA, 1996).

O desenvolvimento das infra-estruturas físicas de abastecimento de água, estradas, energia, esgotos e telecomunicações, bem como o número de centros de serviços disponíveis, não satisfazem as necessidades actuais das comunidades rurais. Além disso, é indicado que tem havido uma falta geral de atividade económica nas zonas rurais de KwaZulu-Natal, com poucas actividades não agrícolas viáveis (DAEA, 1996). As estruturas organizacionais locais de apoio às actividades económicas e outras são fracas e existe um desequilíbrio entre o número de pessoas e os recursos disponíveis (DAEA, 1996).

O Governo do KwaZulu-Natal formulou uma política e uma estratégia de desenvolvimento rural que reconhece a agricultura como o domínio mais importante, com um papel fundamental a desempenhar na promoção do desenvolvimento rural (DAEA, 1996). O Departamento de Agricultura tem-se esforçado por fornecer serviços e instalações de apoio, particularmente no que diz respeito à educação e à formação de competências, para facilitar projectos sociais e económicos destinados à geração de rendimentos, à criação de emprego e à melhoria dos padrões de vida. No entanto, este estudo considera a energia como uma componente essencial do consumo e como um fator vital para o bem-estar material das pessoas. O autor considera que a melhoria da equidade no acesso às fontes de energia deve ser uma prioridade governamental.

Por conseguinte, o papel do Governo no desenvolvimento rural deve incluir o planeamento de um abastecimento de energia suficiente e a preços acessíveis para as famílias, os transportes e outros serviços, que são fundamentais para satisfazer as necessidades básicas e promover o desenvolvimento social das comunidades rurais.

3.4 As famílias e a nova política de reconstrução:

O declínio das florestas e bosques naturais, o aumento da população e a falta de alternativas à lenha tornam a plantação de árvores e uma melhor gestão dos bosques naturais existentes essenciais para evitar a desflorestação total. Além disso, tal permitiria satisfazer as necessidades de lenha e de outros produtos florestais. O desbravamento de terras para a agricultura, a utilização de madeira para construção, os incêndios e o sobrepastoreio são factores que contribuem para a desflorestação. Por conseguinte, a intervenção de gestão deve ser multifacetada e não se concentrar apenas na plantação de árvores exóticas em grande escala.

Em geral, o Governo e as empresas comerciais gerem grandes plantações de madeira, pasta de papel e outros extractos florestais para produção comercial. As florestas mais pequenas a nível comunitário fornecem postes de construção, bem como lenha, e são geridas pelas comunidades, indivíduos, organizações municipais/aldeias e autoridades tribais. As autoridades tribais e locais têm algumas responsabilidades no que respeita à criação e manutenção de bosques, mas a maioria destes bosques é negligenciada. No entanto, os indivíduos plantam árvores para seu próprio uso nas terras que lhes são atribuídas.

Em contrapartida, a FAO (1978) define a silvicultura comunitária como qualquer situação que, em última análise, envolva a população local na silvicultura para seu benefício direto. Durante a última década, a indústria florestal passou gradualmente das suas plantações industriais e comerciais de grande escala para programas centrados na silvicultura comunitária de pequena escala. Enquanto o principal objetivo da silvicultura comercial extensiva é a obtenção de receitas e de divisas, a mudança para a silvicultura comunitária alargou este objetivo de modo a abranger o desenvolvimento rural e a ajudar as populações rurais a satisfazer as suas necessidades básicas (Cairns, 1995). No entanto, a razão predominante para o fracasso dos PCP tem sido a nítida falta de participação das populações locais.

Como resultado desta falta de participação, a silvicultura comunitária evoluiu da sua abordagem essencialmente técnica e setorial, de cima para baixo, para um processo que procura considerar todo o sistema de produção, com base nas competências e conhecimentos existentes e nas necessidades da população local (Cairns, 1995). No âmbito do conceito geral de silvicultura comunitária, existem quatro unidades de organizações de silvicultura comunitária através das quais pode ser implementado um PCP - são as florestas comunitárias, as florestas familiares, as associações e outros grupos de interesse (Cairns, 1995). Algumas destas organizações de silvicultura comunitária não são comuns na África do Sul, devido a problemas de propriedade da terra e a questões políticas.

3.4.1 Bosques comunitários:

As comunidades ou aldeias podem influenciar os seus membros para plantarem árvores, mobilizarem mão de obra, promoverem programas de autoajuda, protegerem coletivamente as florestas e assegurarem uma ampla distribuição dos benefícios (Cairns, 1995). Contudo, apesar de ser considerada a unidade dominante de organização social para a silvicultura comunitária, verificou-se que estes programas de autoajuda tiveram mais êxito em países desenvolvidos como a Coreia e a China (Cairns, 1995). Na África do Sul, desconhece-se atualmente o número exato de parcelas de madeira pertencentes aos chefes tradicionais, aos governos locais e aos pequenos produtores comerciais de madeira (Cairns, 1995). Cairns (1995) comentou que isto se deve à falta de um sistema adequado de recolha e registo de informações sobre o recurso. No entanto, o estudo revelou que o DWAF está atualmente a criar um sistema denominado Afrigis, que será utilizado para recolher os dados (NWA 36, 1998).

Na opinião de Cairns (1995), estimativas fiáveis indicam que é necessário determinar a extensão deste recurso para ajudar os pequenos produtores a aceder aos mercados da madeira. Análogo a esta avaliação é o requisito de registo dos lotes de madeira, cuja responsabilidade cabe ao proprietário (Cairns, 1995). De acordo com a Lei Nacional da Água 36

(1998), estas florestas comunitárias têm de ser registadas como actividades de redução do caudal dos cursos de água. A DWAF pode desempenhar um papel fundamental na promoção do processo de registo, sensibilizando as comunidades para a necessidade de registo e facilitando a administração do processo (Cairns, 1995).

Além disso, o DWAF oferece às comunidades que gerem essas florestas apoio técnico e aconselhamento sobre a melhoria da produtividade, a fim de garantir a sustentabilidade dos bens e serviços disponibilizados a essas comunidades (Cairns, 1995). Isto inclui aconselhamento sobre proteção e gestão dos incêndios, silvicultura, colheita e potencial de comercialização (Cairns, 1995). Seria extremamente valioso se o DWAF pudesse também facilitar o acesso à formação para as pessoas que podem estar envolvidas no desenvolvimento de florestas. Embora os bosques comunitários sejam geralmente considerados como tendo uma função de subsistência, deve reconhecer-se que existe uma comercialização local de lenha e postes. Os excedentes são por vezes vendidos a transformadores comerciais para posterior processamento, a fim de obter, por exemplo, pasta de papel, tanino para papel e carvão vegetal (Cairns, 1995).

3.4.2 Bosques familiares:

Devido às tentativas infrutíferas de iniciar a silvicultura comunitária no Distrito de Hlabisa, a atenção voltou-se para as florestas individuais ou familiares. O início da silvicultura comunitária não foi bem sucedido devido à falta de uma gestão de controlo adequada e de propriedade por parte das comunidades. As florestas familiares são florestas em que os agricultores ou produtores individuais e as unidades familiares conferem a autoridade de gestão da floresta a uma pessoa real e não a uma entidade comunitária (Cernea, 1985). Para o agricultor, a correlação entre o seu contributo (trabalho e dinheiro) e a produção torna-se direta, compreensível, proporcional e menos arriscada (Cernea, 1985). Um problema que pode surgir neste tipo de organização social mais pequena é a probabilidade de existirem diferenças nos objectivos de cada membro em relação à floresta (Cernea, 1985).

3.4.3 Associações:

De acordo com Cernea (1985), é aqui que um grupo de agricultores ou produtores incorpora as cooperativas que gerem grandes extensões de terra (pelo menos 200ha). As cooperativas agrícolas actuam de acordo com os planos e diretrizes estabelecidos pelo Departamento Florestal (Cernea, 1985). Cernea (1985) comentou que os agricultores recebem assistência técnica e crédito, e que os serviços do pessoal da silvicultura comunitária são colocados à sua disposição. No entanto, todos os outros custos de silvicultura decorrentes de viveiros, replantação, manutenção, extração e transporte são suportados pela cooperativa específica e, por esta razão, a cooperativa retém 40% das receitas da venda das árvores (Cernea, 1985).

3.4.4 Outros grupos de interesse:

De acordo com Cernea (1985), uma unidade de grupo de interesses abrange qualquer grupo que possa estar "livre dos conflitos internos das grandes comunidades, mas capaz de gerar a sinergia que torna os grupos mais eficazes do que a soma dos seus membros". Cairns (1995) observou que um exemplo de um grupo de interesse de agregados familiares sem terra ocorreu em Bengala, onde foi concedido a esse grupo o usufruto de terras públicas marginais para a plantação de árvores (Cairns, 1995). Os grupos de interesse podem também incluir grupos de mulheres e mesmo grupos de crianças em idade escolar, como aconteceu no Quénia, Haiti, Malawi e Gujarat (Cairns, 1995).

A estratégia do PDR reconheceu o sector florestal como um elemento importante no que respeita ao desenvolvimento dos recursos naturais locais, que pode contribuir para melhorar o nível de vida e o ambiente e proporcionar oportunidades económicas (Cairns, 1995). O DWAF foi mandatado com a missão de resolver o problema nacional da privação social, do empobrecimento, da desflorestação e da degradação dos solos em todos os sectores das comunidades rurais e urbanas através da DFC (Cairns, 1995). Em 1995, num documento de discussão relativo a uma política de gestão sustentável das florestas na África do Sul, o Governo de Unidade Nacional afirmou que o Governo tem um papel a desempenhar na promoção da silvicultura (DWAF, 1995). O mesmo documento assinala que as preocupações com os recursos hídricos, a perda de habitat e de biodiversidade, bem como outros impactos sociais indesejáveis, impunham restrições à florestação (DWAF, 1995).

O Governo sul-africano tem trabalhado no sentido de racionalizar e normalizar os instrumentos de tomada de decisão, tais como as licenças de utilização da água, os procedimentos de candidatura e as avaliações de impacto ambiental, para reduzir os custos e os atrasos associados, ao mesmo tempo que comprova a adequação das decisões tomadas (DWAF, 1995). O Governo tenciona fornecer informação e aconselhamento sobre a silvicultura comunitária através do pessoal da silvicultura comunitária.

3.4.5 Pequenos produtores de madeira:

A produção de pasta de papel e de papel é uma das maiores indústrias mundiais, ocupando o quarto lugar em termos de valor da produção e o sétimo em termos de emprego (Dabas & Bhatia, 1996). Além disso, verificou-se que, na África do Sul, a indústria da madeira é considerada um dos sectores de crescimento mais rápido da economia sul-africana (Breen, 1994). Numa tentativa de promover e facilitar a plantação de árvores por agricultores de subsistência, as duas principais empresas sul-africanas de produção de madeira, a SAPPI e a Mondi, criaram programas para pequenos produtores conhecidos como Project Grow (1983) e Khulanathi (1989), respetivamente (Breen, 1994).

Estes regimes proporcionavam financiamento, formação e materiais necessários, tais como mudas e fertilizantes, bem como um mercado garantido para os agricultores (Breen, 1994). Breen (1994) observou que um dos objectivos destes empreendimentos era produzir madeira para pasta de papel para satisfazer a necessidade crescente das empresas de satisfazer a procura de pasta de papel que surgiu no final da década de 1970 e no início da década de 1980. Atualmente, Mondi Khulanathi tem 193 produtores, dos quais 56 são mulheres e 137 homens, e 286 hectares no distrito de Hlabisa (Breen, 1994). Estes projectos centram-se no estímulo das economias rurais e na redução do desemprego, o que, por sua vez, resulta na capacitação das comunidades rurais.

As árvores podem crescer em terras marginais, que podem ser improdutivas para a maioria dos outros objectivos agrícolas, e têm a capacidade de sobreviver em condições muito duras. Por esta razão, Calder, Hall e Adlard (1992) descreveram as culturas arbóreas como um seguro contra a seca e como uma reserva para futuras necessidades de dinheiro. Chambers (1989) comentou que as árvores podem ser consideradas como poupanças e activos que dão dinheiro para as pessoas pobres e, além disso, têm as vantagens de um estabelecimento barato, altas taxas de valorização, uma alta taxa de sobrevivência onde o abastecimento de água é adequado, divisibilidade na venda e a capacidade de regeneração através de talhadia.

Chambers (1989) define "divisibilidade na venda" como a possibilidade de colher e vender partes da colheita de árvores num determinado momento, guardando outras partes para o futuro. Uma das desvantagens do estabelecimento de um bosque é a falta de flexibilidade na altura em que os benefícios podem ser obtidos, uma vez que as árvores têm de atingir uma certa idade para que os seus rendimentos justifiquem os seus custos de produção. Chambers (1989) observou que o longo período de maturação para que as árvores produzam rendimento ou capital, juntamente com os problemas de comercialização e de preço, e o risco de perda da colheita devido a incêndios, podem tornar as árvores uma proposta pouco atractiva para as famílias economicamente desfavorecidas. Assim, na Índia, muitos agricultores voltaram-se para as culturas hortícolas após a primeira colheita de culturas arbóreas, devido à sua insatisfação com os benefícios obtidos com a venda de produtos arbóreos (Chambers, 1989).

A APS foi introduzida com o objetivo de reduzir o impacto das árvores nos recursos hídricos das bacias hidrográficas e contribuiu para a falta de interesse na plantação de árvores ou no desenvolvimento de bosques (Warren, 2000). Warren (2000) observou que o processo de emissão de licenças para agricultores ou cultivadores demora muito tempo, por vezes mais de dois anos, e este facto teve um impacto negativo nos programas de DFC. A NWA exige que todos os utilizadores de água, incluindo a silvicultura, sejam licenciados e recomendou ainda que o papel do APRP fosse assumido pela LAAC (Warren, 2001). O principal objetivo da LAAC é aconselhar e fazer recomendações com base em conhecimentos sociais, económicos, biofísicos e técnicos (Warren, 2001).

Warren (2000) indicou que, em apoio ao objetivo da NWA 36 de 1998, a política e as diretrizes para a LAAC formam um quadro que prevê a criação de instituições como as Agências de Gestão de Bacias Hidrográficas (CMA) para ajudar na tomada de decisões. A florestação comercial foi declarada como uma SFRA, regulada através do Sistema de Licenciamento do Uso da Água, nos termos do Capítulo 4, Secção 36 da NWA 36 (1998). Warren (2000) definiu as SFRA como culturas agrícolas de sequeiro que utilizam mais água do que a vegetação natural, que de outra forma poderia crescer no local: por exemplo, a cana-de-açúcar de sequeiro. Embora nenhuma destas culturas, para além da silvicultura comercial, tenha ainda sido declarada, a tónica é atualmente colocada na cana-de-açúcar de sequeiro (Warren, 2000).

Assim, na África do Sul, a florestação comercial cobre 3 % da superfície terrestre e utiliza cerca de 7 % da MAR, aproximadamente 1400 mm^3 /ano ou 100 mm em média (Warren, 2000). Pensa-se que a cana-de-açúcar de sequeiro utiliza metade do MAR que a florestação comercial utiliza. O sistema de licenciamento aplica-se não só a KwaZulu-Natal, mas também a outras províncias, como Mpumalanga e Eastern Cape, onde se concentra a silvicultura comercial. Esta é a zona terrestre que produz 60 % dos recursos hídricos deste país (Warren, 2000).

A principal razão para adotar a EPA na plantação florestal comercial foi o facto de este recurso afetar permanentemente a utilização da água - passando de uma utilização relativamente baixa de água (veld) para uma utilização mais elevada de água (culturas). A EPA original estava orientada para a determinação das áreas disponíveis para florestação (Warren, 2000). Esta baseava-se no cálculo da percentagem de redução nos regimes de caudal causada pela plantação de árvores à escala da bacia primária, sem considerar o impacto total noutros utilizadores de água, tais como caudais baixos ou bacias hidrográficas menos stressadas.

A classificação de 1972 de reduções de 0 %, 5 % e 10 % no MAR de toda ou parte da bacia hidrográfica primária, orientou as decisões sobre a determinação das áreas a plantar (Australian Centre for International

Agricultural Research [ACIAR], 1992). Tratava-se de um escoamento médio anual, que não tinha qualquer influência no caudal baixo, ao passo que os cursos de água perenes podiam ser convertidos em cursos de água sazonais, com consequências concomitantes para os que dependiam do caudal do rio (ACIAR, 1992). Afirma-se que as alterações no rendimento da água de captação, no nível das águas subterrâneas, nas taxas de infiltração e nas caraterísticas do escoamento superficial são afectadas pela silvicultura de formas que diferem dos efeitos de outra vegetação, quer se trate de floresta natural ou de culturas (ACIAR, 1992).

Embora a influência das florestas na hidrologia seja complexa, vários processos são evidentes. Considere-se, por exemplo, a chuva que cai sobre um dossel florestal, seja de uma plantação de eucaliptos ou de uma floresta natural. Uma parte é retida nas folhas, de onde normalmente se evapora para a atmosfera. No entanto, grande parte do restante chega ao solo, seja pingando das folhas ou como fluxo de água. Quando chega ao solo, pode evaporar-se, escorrer da superfície do solo para cursos de água, entrar nas reservas de água do solo ou ser imediatamente absorvida pelas raízes das árvores (ACIAR, 1992). As árvores podem utilizar a água no crescimento ou passá-la através das suas folhas de volta para a atmosfera.

A água nas florestas depende de uma série de factores, incluindo a quantidade, a distribuição ao longo do ano, a intensidade da precipitação, o tipo de cobertura do solo, a temperatura, a humidade, a radiação solar e o vento (ACIAR, 1992). De acordo com o ACIAR (1992), em média, os eucaliptos mais comummente plantados interceptam menos precipitação do que outras espécies de árvores. A área de superfície em que a água pode ser retida e a orientação das folhas na copa das árvores determinam a quantidade de interceção (ACIAR, 1992). A quantidade de água utilizada pelos bosques ou plantações comerciais é normalmente expressa como uma perda evaporativa adicional da vegetação que os bosques ou plantações estão a substituir (Scotcher, 1995). Devido ao facto de as plantações florestais ou comerciais utilizarem mais água do que a vegetação natural, a silvicultura comercial é vista como um concorrente importante para os recursos hídricos relativamente escassos da África do Sul.

3.6 Zonas de gestão da água:

O distrito de Hlabisa está situado na Área de Gestão da Água (WMA) de Usuthu-Mhlathuze, que é classificada como uma região de drenagem primária (Lei Nacional da Água 36, 1998). A NWA 36 de 1998 requer o desenvolvimento progressivo do NWRS, que fornece o quadro para a proteção, utilização, desenvolvimento, conservação, gestão e controlo dos recursos hídricos para o país como um todo (Lei Nacional da Água 36, 1998). A NWRS fornece ainda o quadro de acordo com o qual a água será gerida a nível regional ou de captação dentro de WMAs definidas.

3.7 Sub-bacias quaternárias:

Os distritos de Mpembeni e Hlambanyathi estão situados na WMA de Usuthu-Umhlathuze. Este estudo indica que, dentro desta WMA, existem bacias hidrográficas, que estão divididas em sub-bacias quaternárias. Os bairros de Mpembeni e Hlambanyathi pertencem às sub-bacias quaternárias de Black Mfolozi e Hluhluwe. Nestes bairros, foi claramente indicado que um grande número das áreas propostas para florestação ou estabelecimento de bosques se situa em áreas anteriormente cultivadas, atualmente utilizadas para pastagem, plantação de culturas de rendimento e florestas. Outras zonas são constituídas por prados utilizados para pastagem. Contudo, nenhuma destas condições existe no Distrito de Hlabisa, devido ao seu tipo de solo. Assim, o impacto das árvores nas condições do solo tem mais probabilidades de ser positivo do que negativo. As árvores consomem mais água do que as gramíneas; por conseguinte, o estabelecimento de um bosque nesta área resultaria num maior consumo de água.

O impacto da utilização de mais água dependerá de muitos factores hidrológicos. O Estudo de Determinação de Reservas, realizado no Distrito de Hlabisa, utilizando os requerentes da Mondi Forests, indicou que a Mondi Forests (Projeto Khulanathi) enviou um pedido de autorização para o estabelecimento de bosques num total de 39,9 hectares no Distrito de Hlabisa, particularmente para o Bairro de Mpembeni, em nome da autoridade tribal de Hlabisa (LAAC, 2002). Este pedido tinha por objetivo o estabelecimento de bosques de eucaliptos nas sub-bacias quaternárias W32D, W22K e W32K de Black Mfolozi e Hluhluwe (LAAC, 2002).

3.8 Impacto hidrológico:

Na sub-bacia Quaternary W22K (8,5ha), Black Mfolozi, as avaliações do impacto hidrológico indicam que a redução do baixo caudal resultante da aplicação é de 0,02%, aumentando a redução do baixo caudal para 2,89% na bacia (LAAC, 2002). A redução admissível do baixo caudal é de 20 % (LAAC, 2002). De acordo com as tabelas SFRA, a SFRA nesta licença foi determinada para reduzir o MAR no recurso hídrico num volume de 45mm ou 3842m^3 (LAAC, 2002). Em contrapartida, na Sub-bacia Quaternária W32D (23,9 ha), Hluhluwe, a redução do baixo caudal do pedido é de 0,09 %, aumentando a redução do baixo caudal para 2,79 % na bacia. A tabela 1 refere-se.

QUADRO 1:

Informações necessárias para o pedido de licença - um grupo de 18 pedidos apresentados à DWAF para estabelecer bosques, num total de 39,9 ha, na zona tribal de Hlabisa nas bacias hidrográficas dos rios Black Mfolozi e Hluhluwe.

Tribal Auth.	Initials and Surname	CO-ORD South	CO-ORD East	Quat. Sub-Catch.	Tribal Aut.(ha)	Ha Q.S.C.	Comments
Hlabisa	P.T. Hlabisa	28 03 57	3150 49	W32D	4.0		Old lands. grass. above valley
Hlabisa	M.P. Hlabisa	28 05 73	315169	W32D	2.0		Old grasslands. few big trees. no impact
Hlabisa	S.V. Ngobese	28 06 06	31 52 03	W32D	2.5		Slope. old grass land. away from watercourse
Hlabisa	K. Barlow	28 06 90	3151 20	W32D	3.0		Old lands. grass. steep slopes.
Hlabisa	J. Cele	28 07 20	3150 63	W32D	5.5		Old lands. grass. away from wetland
Hlabisa	D.A. Nkosi	28 07 93	3150 37	W32D	1.0		Slope. old grass land planted with maize
Hlabisa	J. Gcwensa	28 08 03	315199	W32D	1.2		Above existing trees. grass. away from water course
Hlabisa	B.M. Manqele	28 08 41	31 50 61	W32D	1.0		Existing woodlot<0.5ha too small for Mondi. To be withdrawn.
Hlabisa	E. Mbuyazi	28 08 48	31 50 35	W32D	3.0		Old grassland. existing woodlot on both sides.
Hlabisa	L.G. Nene	28 08 55	31 51 15	W32D	0.7	**23.9**	Old lands. above watercourse. existing woodlot next to road. away from watercourse.
Hlabisa	M.B. Ntombela	28 07 58	31 49 38	W22K	2.5		Old lands. grass. above valley
Hlabisa	A.N. Mdletshe	28 07 66	31 49 32	W22K	2.0		Slope. old lands. grass. away from wetlands
Hlabisa	M. Hlabisa	28 08 59	31 49 84	W22K	2.5		Open area. with grass slopes.
Hlabisa	J.M. Jele	28 08 60	31 49 86	W22K	1.5	**8.5**	Open area. with grass slopes.
Hlabisa	N.M. Manqele	28 07 90	31 54 13	W32E	2.0		Above existing woodlot. top of hill. grass cover.
Hlabisa	G.E. Nhlebela	28 07 91	31 55 16	W32E	2.0		Slope. old lands. grass. away from wetlands.
Hlabisa	R.B. Xulu	28 09 48	31 52 32	W32E	1.5		Above watercourse. old lands
Hlabisa	A. Mthethwa	28 11 02	3153 34	W32E	2.0	**7.5**	Old lands. next to existing woodlot. away from watercourse.
TOTAL					**39.9**	**39.9**	

Recurso: LAAC, 2002.

Assim, de acordo com as tabelas SFRA, a SFRA nesta licença foi determinada para reduzir o MAR num volume de 45,2mm ou 10803m^3 . Alternativamente, na Sub-bacia Quaternária W32E (7,5ha), Hluhluwe, a redução do baixo caudal da aplicação é de 0,02 %, aumentando a redução do baixo caudal para 0,51 % na bacia hidrográfica (LAAC, 2002). De acordo com as tabelas SFRA, a SFRA nesta licença foi determinada para reduzir o MAR no recurso hídrico num volume de 45,2 mm ou 3390 m^3 (LAAC, 2002). Por conseguinte, devido a este SFRA, não pode ser autorizada qualquer florestação nas bacias hidrográficas de Black Mfolozi e Hluhluwe, que desaguam na bacia hidrográfica do rio St. Embora exista atualmente florestação nas três sub-bacias quaternárias, a barragem de Hluhluwe pode acomodar a escassez de água.

A bacia hidrográfica de Hluhluwe está geralmente vedada à florestação. No entanto, foi recebida uma proposta de uma comunidade anteriormente desfavorecida acima da barragem de Hluhluwe para uma proposta de bosque a ser localizado onde a água pode ser libertada para os utilizadores a jusante em períodos de escassez.

A baixa pluviosidade no distrito de Hlabisa é motivo de grande preocupação. Tem um impacto negativo tanto nos esquemas de cultivadores subcontratados como nas comunidades, uma vez que não pode haver nem estabelecimento de bosques nem geração de rendimentos.

QUADRO 2: Modelo de balanço hídrico

Quaternary Sub-Catch.	Recom-mended Area(ha)	MAR (Mm^3/a)	Usage (Mm^3/a)	Unused MAR-Use (Mm^3/a)	Reserve (Mm^3/a)	Allocable (Unused) (Mm^3/a)	Licence (Mm^3/a)	Surplus (Mm^3/a)	Quality
W32D	23.9	14.52	0.54	13.71	5.27	8.43	0.01080	8.419	OK
W22K	8.5	35.03	1.46	33.57	12.75	20.82	0.0038	20.816	OK
W32E	7.5	23.9	0.69	23.21	8.7	14.51	0.0034	14.506	OK

Recurso: LAAC, 2002

3.9 Conclusão:

Os programas comunitários de silvicultura e de energia a partir da madeira devem ser concebidos no âmbito mais vasto dos programas de desenvolvimento integrado (PDI), como parte dos planos distritais de abastecimento de energia. Como não existe uma alternativa à lenha, os pobres das zonas rurais passam demasiado tempo a recolher madeira. O atual programa de eletrificação maciça dos agregados familiares, que está a ser levado a cabo, será entregue primeiro às comunidades urbanas e levará décadas a chegar à maioria das famílias das zonas rurais. Entretanto, as fontes de madeira estão a esgotar-se. No entanto, para registar os terrenos florestais como SFRA, é imperativo que o Governo desempenhe um papel importante na promoção do processo de registo, facilitando a sua administração.

CAPÍTULO 4

Florestas indígenas e gestão florestal para sustentar os meios de subsistência das comunidades rurais

4.1 Introdução:

As florestas e os bosques têm desempenhado um papel importante na história do homem na África Austral. Forneceram uma fonte de material de construção, lenha, plantas medicinais e outros produtos. Estes recursos também ofereceram abrigo, mantiveram a qualidade da água, reduziram a erosão e actuaram como corta-fogos naturais. Apesar das vantagens que o homem obteve através das florestas e dos bosques, tem sido o principal responsável pela desflorestação. Os Ministérios da Agricultura, da Administração Local e da Habitação, das Estradas e dos Transportes têm estado no centro da desflorestação através da expansão agrícola, da construção de casas de baixo custo (PDR) e da construção de novas estradas com portagem.

As florestas podem ser definidas como sistemas ecológicos com um mínimo de 10 % de cobertura de copas de árvores e/ou bambus; estão geralmente associadas à flora e fauna selvagens e às condições naturais do solo; e não estão sujeitas a práticas agrícolas (Arnold, 1992). Esta definição é sugerida para fins de política internacional, como os contidos nos Princípios Florestais da Agenda 21, que oferece um programa global abrangente para o desenvolvimento sustentável resultante da Cimeira da Terra, realizada no Rio de Janeiro em junho de 1996, e inclui florestas de todos os tipos. Everard (1996) observou que estes princípios florestais não são amplamente aceites porque é muito difícil compartimentá-los e porque diferentes culturas, línguas, disciplinas profissionais e grupos interessados vêem as florestas segundo as suas próprias perspectivas.
O Livro Branco sobre o Desenvolvimento Florestal Sustentável na África do Sul (DWAF, 1996) reconhece esta definição e inclui "florestas de todos os tipos" (Everard, 1996). Por conseguinte, é imperativo que a África do Sul integre as suas políticas com as do mundo emergente, uma vez que as políticas deste último têm por objetivo desenvolver uma Convenção sobre as Florestas. (Everard, 1996). Ao longo dos anos, tem havido uma variedade de descrições da vegetação sul-africana, com base numa variedade de escalas e abordagens. De acordo com White (1983), as três abordagens mais comuns utilizadas são a abordagem fitogeográfica ou fitocorológica: ou seja, basear a classificação puramente na florística. Existe também a abordagem por biomas ou ecossistemas (que inclui aspectos do meio físico, nomeadamente o clima), tal como utilizada por Low e

Rebelo (1996), e a abordagem do potencial de utilização das terras (agricultura), tal como descrita por Acocks (1953).

Em contrapartida, Everard (1996) indica que a forma mais prática de obter informações sobre florestas e bosques é utilizar o mapa de vegetação mais adequado com base nos aspectos práticos de correção, precisão e dados disponíveis. Por conseguinte, é imperativo utilizar a definição mais comum de árvore. Geldenhuys, Knight, Russell e Jarman (1988) definem uma árvore como uma planta lenhosa auto-sustentada com um diâmetro à altura do peito (DAP) de pelo menos 100 mm a três metros de altura, se for de caule único, e de pelo menos cinco metros de altura, se for de caule múltiplo. A combinação das definições acima referidas, juntamente com a definição de floresta proposta por Arnold (1992), poderia incluir toda a vegetação com uma componente lenhosa, com mais de três metros de altura e com uma cobertura de copa superior a 10 %. Assim, usando esta definição, é possível incluir os três tipos de floresta, bem como os tipos de savana do bioma savana. Outros tipos de floresta têm árvores dispersas, mas o coberto de copa destas árvores é demasiado baixo para serem incluídos como tipos de floresta. Assim, a estrutura da floresta é frequentemente o resultado de uma gestão ou de alguma forma de perturbação (Everard, 1996).

4.2 Gestão das florestas e das matas:

As florestas e os bosques têm sido tradicionalmente valorizados como fonte de madeira, pasta de papel e lenha. Independentemente do valor destes produtos para as populações locais ou para a economia nacional, foram classificados como "produtos florestais menores", um termo que se refere frequentemente aos produtos para os quais existe um mercado industrial, como a goma, o pinho, a resina e o tanino (Falconer, 1990). Falconer (1990) observou que os produtos florestais são utilizados para apoiar outros sectores produtivos, como a agricultura, fornecendo materiais utilizados para o fabrico de utensílios. Na região da zona húmida da África do Sul, existem sistemas políticos e económicos, culturas, histórias e práticas de utilização da terra extremamente diversos. As florestas e os bosques são social e culturalmente importantes, servindo como templos, símbolos culturais, locais de reunião social e locais para ritos sociais, como cerimónias de iniciação.

4.2.1 Florestas indígenas:

Em KwaZulu-Natal, 250 parcelas de floresta foram proclamadas nos termos da Lei de Terras de 1936. Contudo, em 1980, 50 destas manchas florestais tinham desaparecido ou estavam tão danificadas que já não eram dignas de serem chamadas florestas (Everard, 1996). A desflorestação continua a ocorrer em KwaZulu-

Natal, onde as terras florestais estão a ser reclamadas para culturas agrícolas. Para além da destruição e conversão das florestas, há muitos relatos de degradação florestal devido à utilização excessiva e à má gestão (Everard, 1996). O Distrito de Hlabisa tem pequenas manchas de floresta natural, que variam entre 1ha e 20ha de tamanho. A comunidade rural pobre deste Distrito depende largamente deste recurso escasso para a sua subsistência.

Em muitos casos, o estado das florestas depende da propriedade e da proteção que os proprietários da floresta podem pagar (Cooper, 1985). Além disso, Cooper (1985) indicou que se podia afirmar que o estado das florestas estatais era geralmente relativamente bom, enquanto o estado das florestas privadas era muito mau. O estado das florestas comunitárias varia consideravelmente. Algumas estão em muito mau estado, devido à sobre-utilização causada pela recolha de cascas para fins medicinais; recolha de lenha; sobre-pastoreio; recolha de madeira para construção e material de vedação e outros fins domésticos. Outras estão em relativamente bom estado.

4.2.2 Bosques:

Uma floresta pode ser definida como um grupo de árvores indígenas que não formam uma floresta natural, mas cujas copas cobrem mais de 5 % da área delimitada pelas árvores que formam o perímetro do grupo (NFA, 1998). Na África do Sul, é preferida a definição que coloca a tónica nos processos ecológicos associados às savanas, como pode ser indicado na NFA 84 (1998). A definição de floresta acima referida é preferível à seleção de uma percentagem arbitrária de cobertura de copa, que varia em função da utilização do solo, da densidade de megaherbívoros e de fenómenos macroclimáticos (Shackleton, Willis & Scholes, 2001).

A avaliação mais objetiva da atual área de floresta é oferecida pelo National Land Cover Map (NLCM), que utiliza um limite inferior de cobertura lenhosa de 10 % para a floresta, em vez dos 5 % sugeridos na NFA 86 (1998). O limite de 10 % é utilizado pela FAO nos seus estudos florestais globais; assim, em termos da definição legal utilizada na NFA, não existe uma estimativa fiável da atual área de florestas na África do Sul (Shackleton *et al.,* 2001). As florestas de savana cobrem a maior parte do país. Elas variam muito em termos de propriedade e, consequentemente, em termos de estado. A extensão das florestas de savana potenciais na África do Sul está estimada em 418 349 400ha, grande parte da qual (as percentagens variam entre 0 % e 87 %) foi transformada num tipo de floresta devido a melhores práticas de gestão (Everard, 1996).

Everard (1996) observou que uma fração significativa da floresta se encontra em parques nacionais, reservas naturais obrigatórias e zonas de conservação de gestão privada. Isto significa que cerca de 12 % das savanas áridas e 5 % das savanas húmidas estão a ser conservadas (Everard, 1996). O estado das florestas nestas zonas é geralmente bom. Uma grande percentagem destas florestas encontra-se nas antigas áreas de origem da África do Sul (Rutherford & Westfall, 1986). De facto, Rutherford e Westfall (1986) comentaram que aproximadamente 90 % das antigas terras de origem se inseriam no bioma da savana. Nestas áreas, a densa população humana, que se estabeleceu como parte do regime do apartheid, depende fortemente dos recursos florestais para vários produtos de valor acrescentado. Estes produtos incluem lenha e uma variedade de géneros alimentícios, por exemplo: cerveja de árvores Amarula (Rutherford & Westfall, 1986). Os habitats florestais foram afectados por uma utilização excessiva e, por isso, são considerados em mau estado (Rutherford & Westfall, 1986).

Rutherford e Westfall (1986) fizeram as seguintes observações:

- Os habitats de floresta de savana que são propriedade de agricultores comerciais brancos foram significativamente reduzidos através do desbravamento para fins agrícolas.
- As savanas são predominantemente utilizadas para o pastoreio de gado, principalmente bovino e caprino, nas zonas rurais.
- O estado das áreas de pastagem em terrenos privados é geralmente bom.
- Em algumas zonas, a vegetação foi invadida por espécies de plantas lenhosas em detrimento das gramíneas.

No que respeita às terras comunitárias ou tribais, o estado das florestas é geralmente mau, devido à sobreutilização dos recursos.

4.3 Estratégias de propriedade e de gestão:

A maior parte das florestas indígenas é propriedade do Estado, com exceção de manchas de florestas indígenas em terras comunais/tribais e em terras privadas (Everard, 1996). Everard (1996) comentou que as florestas indígenas em terras privadas estão estimadas em 85 525ha. É muito mais difícil determinar a situação da propriedade no que respeita às florestas. Segundo Everard (1996), estima-se que 7 % das florestas do país estejam conservadas em reservas naturais, a maior parte das quais são propriedade do Estado. No entanto, existem muitas reservas naturais de propriedade privada nas zonas florestais (Everard, 1996).

Existem grandes extensões de floresta pertencentes ao Estado que não estão formalmente conservadas. Estas extensões incluem as terras utilizadas pela Força de Defesa Nacional e algumas terras do Estado situadas nas antigas terras natais. Everard (1996) observou que estas últimas eram efetivamente geridas como terras comunitárias. Prosseguiu afirmando que cerca de 65 % das antigas terras de origem se situavam em zonas florestais e que a maior parte destas terras era propriedade da comunidade ou gerida de forma satisfatória (Everard, 1996).

4.4 Utilização sustentável da terra e posse da terra:

A sustentabilidade pode ser definida como a gestão e a utilização das florestas e das terras florestais (Everard, 1996). A gestão da floresta/terra florestal deve ser efectuada de modo a manter a biodiversidade, a produtividade, a capacidade de regeneração, a vitalidade e o potencial (Everard, 1996). De acordo com Everard (1996), isto asseguraria a realização das funções ecológicas, económicas e sociais relevantes das áreas a nível local, nacional e global. Funciona também como uma salvaguarda contra os danos causados a outros ecossistemas. Embora uma parte substancial das florestas e bosques indígenas seja utilizada para fins de conservação, uma parte ainda maior dos bosques é utilizada para o pastoreio de gado, principalmente bovino e caprino (Everard, 1996). Isto inclui a maior parte das florestas que foram reduzidas em tamanho devido ao povoamento e à conversão em terras agrícolas.

Algumas áreas estão a ser degradadas devido a uma utilização excessiva - através do pastoreio, da extração de madeira e lenha e da recolha de medicamentos tradicionais. Outras áreas estão a ser reabilitadas, mas Everard (1996) comentou que, em geral, os bosques e as florestas estão a diminuir. É importante que seja introduzida e desenvolvida uma gestão sólida e sustentável nas áreas não conservadas. A importância da participação da comunidade local na tomada de decisões e do envolvimento em esquemas de gestão conjunta com o Governo para proteger estas áreas também deve ser realçada. É imperativo que as florestas em terrenos privados sejam utilizadas numa base sustentável.

4.5 Valor socioeconómico e cultural das florestas e das matas:

O aumento da densidade populacional e a consequente procura de produtos florestais resultaram na utilização de produtos a um ritmo insustentável. Por conseguinte, é fundamental compreender a utilização dos recursos florestais e o seu valor económico, a fim de estabelecer mecanismos que permitam equilibrar a oferta e a procura de forma sustentável. O valor económico total dos recursos florestais pode ser desagregado em valores utilizáveis e inutilizáveis (Georgiou, Whittington, Pearce & Moran, 1997 e Pearce, 1991). Os valores utilizáveis podem ser subdivididos em valores de uso direto, de uso indireto e de opção (Georgiou *et al.*, 1997). Georgiou *et al.* (1997) defendem que é imperativo indicar que os valores éticos e estéticos são classificados como valores de não-utilização e que os valores de utilização direta ocorrem quando um indivíduo utiliza efetivamente uma instalação, enquanto os valores de utilização indireta decorrem do funcionamento natural dos ecossistemas. Exemplos de valores de utilização indireta apresentados por Georgiou *et* al. (1997) incluem a proteção contra as tempestades proporcionada pelas árvores, o controlo das cheias através das zonas húmidas e os ciclos de nutrientes. O valor de opção pode ser definido como a disponibilidade de um indivíduo ou de uma sociedade para pagar a opção de utilizar um ativo numa data futura (Georgiou *et al.*, 1997).

A avaliação do valor direto dos recursos florestais não exclui uma avaliação posterior dos seus valores de uso indireto, estético ou ético. Estas diferentes avaliações de valor podem ser avaliadas posteriormente para determinar o valor económico total das florestas (Martin, 1995). Martin (1995) comentou que o processo de cálculo do valor global é relativamente novo em economia, pelo que os métodos são ainda experimentais e não estão estabelecidos nem são universalmente aceites. O valor de uso direto dos recursos florestais para as famílias rurais, em vez do valor económico total, será discutido neste capítulo.

Embora este estudo não tenha podido fornecer números exactos em termos de lenha queimada anualmente no Distrito de Hlabisa, o ritmo a que a utilização de bosques e florestas está a crescer não pode diferir muito de outras áreas. Aproximadamente 11,4 milhões de toneladas de lenha são queimadas anualmente pelas comunidades rurais, embora a quantidade exacta de lenha proveniente de florestas e bosques não seja atualmente clara. Gandar (1994) estimou que deve ser cerca de dois terços da tonelagem total recolhida anualmente. Em toda a África do Sul, a lenha constitui a principal fonte de energia para as comunidades rurais ou agregados familiares pobres. A produção de lenha está frequentemente associada à agricultura. Quando o mato é abatido, constitui uma fonte de lenha e, para as comunidades que vivem mais perto das zonas urbanas, uma fonte de rendimento em dinheiro. Von Maltitz (1996), no entanto, afirmou que a silvicultura comercial produz dois a quatro milhões de toneladas de resíduos de plantações, mas é provável que pouco disso chegue às comunidades rurais.

As florestas nas antigas pátrias e nos estados autónomos podem produzir potencialmente 100 000 toneladas, enquanto as espécies exóticas invasoras, como a acácia negra *(Acacia mearnsii),* podem produzir potencialmente 2,5 milhões de toneladas em explorações agrícolas comerciais e em áreas comunais (Martin, 1995). Além disso, Gandar (1994) indicou que, em 66% do total de 11,3 milhões de toneladas, a lenha e a floresta podem fornecer aproximadamente 7,4 milhões de toneladas de madeira anualmente a comunidades rurais de baixo rendimento. Os preços da madeira dependem das regiões e os custos de transporte constituem uma proporção significativa do custo global (Gandar, 1994). A lenha é normalmente vendida como carga de camião ou como carga de cabeça.

De acordo com um estudo efectuado na Província do Limpopo, Gandar (1994) afirmou que é difícil quantificar com precisão o valor deste recurso, uma vez que uma grande proporção é recolhida apenas a um custo oportunista. Embora a quantificação direta do valor da madeira para as comunidades rurais não tenha sido realizada a nível nacional, a partir dos dados disponíveis, parece que a lenha é vendida entre R100 por tonelada e R500 por camião (Gandar, 1994). Em algumas partes da Província do Limpopo, os registos revelam que uma carga de camião de lenha varia entre R90 e R110. Isto daria um valor total dos 7,6 milhões de toneladas de lenha disponíveis como sendo R740 milhões e R1,2 biliões por ano (Gandar, 1994).

O seu valor é aproximadamente o mesmo que o da produção de madeira da indústria madeireira comercial. Os custos gerados pela perda de tempo na recolha de lenha também podem ser avaliados economicamente, com base nos tempos médios de recolha, nas taxas médias de trabalho rural e no número de agregados familiares que recolhem lenha. A África do Sul é uma sociedade complexa com uma combinação de componentes tanto do primeiro mundo como do mundo em desenvolvimento. Isto tem impacto na forma como os diferentes sectores da sociedade valorizam e utilizam os recursos, bem como na forma como os recursos são geridos e mantidos. Para o objetivo deste estudo, a base de recursos será vista da perspetiva dos recursos disponíveis em áreas comunitárias e privadas (Von Maltitz, 1996).

A importância do recurso deve ser calculada de acordo com as percepções e valores da população local, em vez de se basear nos valores dos economistas e conservacionistas orientados para as cidades. A utilização dos preços locais, conhecidos e subsidiados pode parecer subestimar o valor dos produtos florestais, mas reflectirá a forma como a população local valoriza realmente os produtos das matas e florestas indígenas. Para efeitos deste estudo, foram utilizados três métodos para medir os benefícios das árvores. A atenção centrou-se numa categoria especial de ferramentas socioeconómicas, que oferecem métodos para medir e avaliar os benefícios das árvores.

Estes são usados principalmente para ajudar as comunidades rurais a calcular e comparar os custos e benefícios de diferentes espécies de árvores durante as fases de planeamento e avaliação do processo de silvicultura comunitária. Através do cálculo dos benefícios das árvores, as comunidades rurais ou os produtores individuais são ajudados a descobrir a rentabilidade potencial da silvicultura comunitária, a avaliar as vantagens e desvantagens das diferentes alternativas de árvores e a planear as futuras entradas e saídas da silvicultura comunitária.

4.5.1 Benefícios diretos e valor:

Os benefícios das árvores são múltiplos. Embora diferentes espécies de árvores possam proporcionar o mesmo tipo de benefícios, esses benefícios podem diferir em quantidade e qualidade. Ao medir os benefícios das árvores e ao ponderar as vantagens e desvantagens das diferentes árvores, as comunidades estão em condições de escolher as melhores opções de silvicultura. Se as comunidades forem capazes de medir os custos e os benefícios que podem esperar receber da PCP, também poderão planear. O rendimento gerado pela recolha e venda de lenha, postes, madeira, artesanato, folhagem, forragem, gramíneas e materiais de cama são considerados benefícios diretos. A avaliação da madeira e dos postes é efectuada de acordo com os preços fixados pelos produtores ou pelo Grupo de Utilizadores Florestais (GUF), ao passo que a lenha, as forragens, as gramíneas e os materiais de cama são avaliados com base nos custos de mão de obra para a sua recolha (Maharjan, 1993).

4.5.2 Benefícios indirectos e valor:

O valor indireto da silvicultura comunitária refere-se aos bens e serviços sociais, culturais e ambientais que a silvicultura comunitária proporciona (Maharjan, 1993). A degradação e a destruição da floresta implicam a perda de muitos destes benefícios ambientais, embora a extensão da perda dependa da utilização subsequente da terra. Os benefícios ambientais incluem a diminuição da erosão do solo, a redução das inundações e da saltação a jusante, o aumento da biodiversidade, a criação de emprego, o estabelecimento de um FUG organizado e os benefícios sociais (Maharjan, 1993). É difícil estimar o valor da utilização indireta da floresta, uma vez que os dados necessários são substanciais e as ligações entre causa e efeito são difíceis de determinar (Maharjan, 1993).

Existe um grande número de pequenas manchas florestais nas áreas comunais do país e estas pequenas manchas florestais são frequentemente protegidas de alguma forma pelo pessoal da silvicultura comunitária. As grandes áreas florestais são normalmente declaradas áreas de conservação e são geridas pela DWAF. Algumas estão sob o controlo da KwaZulu-Natal Wildlife e das autoridades locais de conservação, bem como da SANPARKS. Embora a extração comercial de madeira não seja uma caraterística importante nestas florestas, existe um grande grau de extração informal para consumo local. Isto é particularmente verdade no caso de pequenas manchas florestais em zonas de pastagem, onde a floresta representa um importante recurso de produtos de madeira. Os produtos que são utilizados nas florestas incluem lenha; madeira para construção; madeira para artesanato e produtos de curiosidades; e material de tecelagem para cestos. As florestas são também uma fonte muito importante de produtos medicinais.

Os produtos medicinais são ilegalmente colhidos das florestas nas áreas comunais e nas áreas de conservação. Embora a caça, como o porco do mato e o antílope, seja frequentemente extraída das florestas, isto não acontece no Distrito de Hlabisa, particularmente em Mpembeni e Hlambanyathi, porque estes animais se extinguiram nestas áreas. Atualmente, é difícil quantificar e avaliar a extensão destes recursos, devido aos dados limitados disponíveis (Von Maltitz, 1996). Os dados actuais indicam, no entanto, que se trata de uma área de recursos muito importante e que está provavelmente a ser explorada a níveis não sustentáveis.

As áreas de floresta húmida têm mais de 600 mm de chuva e encontram-se em solos distróficos. Supõe-se que a biomassa lenhosa em pé seja da ordem de 20 a 40 toneladas por ano, com um incremento anual estimado de aproximadamente 4 % de biomassa em pé (Von Maltitz, 1996). A produção varia entre 2000 e 3000kg/ha/p.a. nas zonas rurais. Estas zonas têm elevadas taxas de produção primária, mas o baixo estado de nutrientes do solo resulta em forragens com uma baixa relação azoto/carbono, o que faz com que esta vegetação tenha uma baixa palatabilidade, especialmente durante o inverno (Von Maltitz, 1996).

Durante os tempos históricos, as zonas de floresta húmida eram utilizadas para fins pastoris ou em sistemas agrícolas de corte e queima (Von Maltitz, 1996). Estas áreas foram divididas em áreas de cultivo, que foram em grande parte limpas da componente arbórea, e áreas de pastagem comunais que foram usadas para manter gado e cabras (Von Maltitz, 1996). Isto é de facto comum no Distrito de Hlabisa, especialmente nos distritos de Mpembeni e Hlambanyathi. O gado nestas áreas é mantido principalmente como um investimento e não como um sistema de produção. Estas áreas são, por conseguinte, geridas de modo a maximizar os números e as densidades de gado. A comunidade obtém numerosos benefícios dos recursos florestais, que incluem a lenha, tradicionalmente colhida como madeira morta, mas com árvores vivas a serem cada vez mais colhidas; madeira para construção e vedações, normalmente colhida de árvores vivas; medicamentos; e frutos, como as bagas de marula, que são utilizadas para consumo direto e para a produção de cerveja. Nas regiões de floresta húmida crescem boas gramíneas de colmo, mas a forte pressão do pastoreio reduz a quantidade deste recurso.

4.6 As questões socioeconómicas e culturais:

É necessário definir as questões sociais, económicas e culturais no contexto da DFC antes de iniciar um debate aprofundado sobre as questões com impacto na DFC. Chavangi (1989) apresenta as seguintes definições:

- *Social:* manifestação de uma sociedade ou organização, ou com ela relacionada, que se ocupa principalmente das relações mútuas dos seres humanos ou das suas classes.
- *Economia e cultura:* as artes e outras manifestações das realizações intelectuais humanas consideradas coletivamente.

A partir das definições dos termos acima referidos, é evidente que estão intimamente relacionados. Para efeitos do presente estudo, será utilizado um termo, *questões socioeconómicas e culturais*. Refere-se aos aspectos da sociedade humana que estabelecem as regras, normas e atitudes. Por conseguinte, o comportamento dos indivíduos, das sociedades e das organizações deve ser tido em conta quando a investigação abrange a manutenção e o reforço das DFC.

4.6.1 Questões socioeconómicas:

As questões socioeconómicas podem ser categorizadas em dotações de recursos; dimensão e composição do agregado familiar; e densidade populacional, dimensão da terra e actividades de plantação de árvores.

4.6.1.1 Dotação de recursos:

A DFC, como forma de investimento, requer a utilização de recursos a vários níveis de produção de árvores - isto é, ao nível do viveiro, da florestação, do tratamento e da colheita (Emerton & Mogaka, 1994). A intensidade dos recursos varia de uma comunidade familiar para outra; contudo, alguns dos recursos básicos necessários para a DFC incluem terra, trabalho, capital e conhecimentos humanos (Emerton & Mogaka, 1994). Estes parecem ser alguns dos factores críticos que influenciam a DFC na maior parte do país. O apoio técnico e financeiro disponível que as comunidades recebem dos programas de produção sob contrato tem um impacto positivo em termos de geração de rendimentos (Emerton & Mogaka, 1994).

A pressão sobre a terra, devido ao aumento constante da população no distrito de Hlabisa, é uma questão importante na CFD. As pessoas estão a deslocar-se das cidades para as zonas rurais devido à falta de emprego.

Estudos recentes realizados em áreas de elevado potencial no Quénia revelaram que a escassez de terra limitou o desenvolvimento da silvicultura comunitária a uma grande parte dos habitantes rurais (Emerton & Mogaka, 1994). Nas mesmas zonas rurais, registou-se um aumento significativo do número de árvores per capita (Emerton & Mogaka, 1994). A produtividade da terra, que assumiu uma tendência descendente devido à falta dos insumos florestais necessários, tais como fertilizantes, ocorre juntamente com a escassez de terra. Se os participantes se aperceberem dos benefícios do investimento, a DFC é encorajada.

Um exemplo clássico pode ser retirado do estudo de caso de Gujarat, em que os agricultores que tinham participado na silvicultura comunitária comentaram: *"Tendo investido muito na plantação e manutenção das árvores, esperámos pacientemente durante quatro anos e agora não vendemos nada. Vemos esta atividade de silvicultura comunitária como um desastre para o nosso povo"* (FAO, 1989). Isto indica claramente que a natureza competitiva dos usos da terra e a distribuição dos recursos produtivos ao nível do agregado familiar e da comunidade estão aparentemente a ter uma grande influência na sustentabilidade da silvicultura comunitária e no seu desenvolvimento subsequente.

4.6.1.2 Dimensão e composição do agregado familiar:

Estudos efectuados na África do Sul e noutros países em desenvolvimento indicam claramente que existe uma forte correlação entre o tamanho do agregado familiar e o padrão de consumo dos produtos derivados da madeira da silvicultura comunitária. De acordo com Akinga (1980), quanto maior for o agregado familiar, maior será o consumo de materiais derivados da madeira: por exemplo, lenha e material de construção. Com o emprego de tecnologia mínima no processamento e consumo de materiais derivados de madeira, os padrões gerais de consumo dos produtos foram maximizados. Os hábitos alimentares (alimentos culturais) desempenham um papel igualmente importante para a lenha, consumida por estação. Noutras partes do continente, como o Quénia, o consumo médio de lenha per capita por ano é de aproximadamente 1,5 m^3 (Akinga, 1980).

4.6.1.3 Densidade populacional, dimensão do terreno e actividades de plantação de árvores:

Os resultados do estudo realizado na África do Sul indicam que, à medida que a densidade populacional aumenta e a dimensão média da terra diminui, a população da biomassa lenhosa terrestre deliberadamente plantada e gerida aumenta. A proporção de vegetação natural, no entanto, diminui devido a decisões de produção deliberadas, tais como a limpeza de florestas para a expansão de terras agrícolas e, presumivelmente, o aumento da produção de alimentos e de culturas de rendimento. Por outro lado, Chavangi (1989) argumenta que os estudos realizados no Quénia, nos distritos de Kakamega, Kisii e Muranga, revelaram que a densidade populacional era significativamente influenciada pela cultura do povo. Em Muranga, todo o espaço disponível era utilizado para culturas de rendimento e este facto influenciou a densidade da cobertura arbórea neste distrito (Chavangi, 1989).

4.6.2 Questões socioculturais:

A cultura em geral é considerada como sendo o modo de vida das pessoas. No entanto, o termo *cultura* também inclui os diversos mecanismos que a raça humana utiliza para atingir objectivos imediatos e a longo prazo (Chavangi, 1989). Os mecanismos estão sujeitos a alterações em termos de grau e dimensão e dependem da preparação da comunidade para enfrentar e lidar com a mudança (Chavangi, 1989). Isto determina até que ponto a mudança estará em harmonia com a experiência e se o que é novo pode ser acomodado dentro da estrutura existente, particularmente no que diz respeito à mudança que serve o mesmo objetivo ou melhora a situação atual.

A sustentabilidade da silvicultura comunitária pode ser melhorada através da utilização da cultura ou das experiências de uma comunidade. O conhecimento e as crenças existentes podem oferecer uma oportunidade para introduzir mudanças, seja sob a forma de ideias ou da implementação de tais ideias. No Distrito de Hlabisa, tal como na maior parte do país, a utilização de mulheres como força de trabalho é fundamental para a silvicultura comunitária; de facto, para qualquer forma de posse de terra. As mulheres são as principais utilizadoras e gestoras das árvores. A questão do envolvimento das mulheres na silvicultura comunitária é bem conhecida na maioria das comunidades agrícolas (Chavangi 1989). A divisão do trabalho nas comunidades atribui às mulheres a responsabilidade pela obtenção de alimentos, lenha e produtos frutíferos que são obtidos principalmente, ou pelo menos parcialmente, das árvores.

Independentemente de quem planta as árvores, a cooperação das mulheres e a utilização das mulheres como força de trabalho são imperativas para a manutenção das árvores (Chavangi 1989). No que respeita à DFC, as questões socioculturais no Distrito de Hlabisa constituem principalmente assuntos que têm um impacto significativo na vida das comunidades rurais. O estudo centrar-se-á principalmente nas seguintes questões:

- mitos e tabus culturais;
- o impacto das árvores na história da humanidade;
- crenças, lendas e atitudes das comunidades em relação ao cultivo de árvores; e
- propriedade da terra.

4.6.2.1 Mitos e tabus culturais:

A variedade de valores culturais e funções simbólicas atribuídas às florestas é tão numerosa e diversa como as comunidades e culturas do país. A distinção que tem sido feita entre os valores culturais e o papel das florestas é, de facto, artificial. Falconer (1990) comentou que as árvores da floresta podem abrigar os espíritos dos antepassados, bem como os dos recém-nascidos. Continuou, sublinhando o facto de as árvores serem vistas tanto de forma positiva como negativa, como fontes de poder e munificência ou de maldade (Falconer, 1990). Podem ser consideradas como fornecedores ou obstáculos ao desenvolvimento (Falconer, 1990).

De acordo com Falconer (1990), as qualidades místicas de recursos florestais específicos desempenham frequentemente um papel crucial nas práticas tradicionais de cura. Além disso, as florestas proporcionam um local para cerimónias religiosas, sociais e de cura. É difícil comparar o valor cultural atribuído às florestas em todo o país porque este valor só se torna evidente através das diferentes utilizações de plantas específicas para fins específicos. Um exemplo disto é a utilização de plantas associadas ao casamento: a mesma planta pode ser utilizada para atrair um potencial cônjuge durante a cerimónia de casamento, para proteger casamentos ou para melhorar casamentos (Falconer, 1990).

Os mitos e tabus culturais em África afectaram grandemente o desenvolvimento de bens e serviços ambientais, sendo os recursos florestais os mais afectados (Falconer, 1990). Falconer (1990) concluiu que muitos destes mitos e tabus culturais influenciaram a conservação e a gestão das florestas, tanto de forma positiva como negativa. De facto, há muito que se sabe que os mitos e tabus oferecem controlos e equilíbrios importantes para a exploração dos recursos florestais (Falconer, 1990). Por outro lado, Chavangi (1989) comentou que certas espécies de árvores nunca são plantadas ou colhidas por mulheres e homens jovens, uma vez que estas acções podem ter um impacto negativo nas suas vidas.

4.6.2.2 As árvores na história da humanidade

As árvores da floresta são os elos entre o céu e a terra, simbolizando frequentemente os elos entre o mundo espiritual dos antepassados e as pessoas (Falconer, 1990). Os rituais e cerimónias que recorrem a símbolos florestais servem frequentemente para ligar as pessoas ao seu património cultural, bem como ao seu passado ancestral (Falconer, 1990). A árvore aparece em muitos mitos e contos, representando consistentemente imagens simbólicas importantes. Falconer (1990) citou um exemplo que ilustra este facto - a árvore situa-se entre o céu e a terra e está associada à criação, bem como ao mundo subterrâneo.

Num estudo intitulado *"The major significance of 'minor' forest products"*, Falconer fez as seguintes observações:

- Uma árvore pode servir de símbolo maternal, protetor e provedor, que disponibiliza frutos, outros alimentos e medicamentos, oferece um reservatório de água e um santuário contra os elementos dos maus espíritos.
- As árvores podem constituir uma ligação alegórica com os antepassados, ser um símbolo de unidade política ou significar a fecundidade humana.
- As caraterísticas caducas da árvore criam uma imagem ambígua, que reflecte o poder da árvore para dar vida, renascer, mas também para representar a morte.
- Em muitas histórias africanas, a árvore é retratada como um símbolo ancestral de sabedoria, autoridade e costume, oferecendo uma ligação entre os mortos e os vivos.
- Noutras histórias, a árvore pode simbolizar um mediador ou um juiz (Falconer, 1990)

As árvores são muitas vezes parte integrante da história de um país devido à sua longevidade e posição dominante no sistema agrícola (Chavangi, 1989). Chavangi (1989) comentou que, nas comunidades da Zâmbia, a árvore chamada *Chichele mofu (Entandrophragma chelevayi spp.)* foi protegida durante mais de 200 anos - a árvore é considerada como a casa dos espíritos, onde vive o espírito de um chefe há muito falecido da zona de Chichile. No Quénia, o espírito do filho de Ramogi, Mfure, vive na árvore *Millitia excelsa* (Mvule) *spp*, que nunca é cortada - Mvule engole o machado se se tentar cortá-la (Chavangi, 1989). Assim, pode ver-se que as árvores desempenham um papel crucial em todas as facetas e períodos da vida dos povos africanos. *A Acacia tortilis* no Distrito de Hlabisa, especialmente nos distritos de Mpembeni e Hlambanyathi, é uma boa lenha e material de construção/vedação. Embora também se utilizem outras espécies, a força e a durabilidade desta árvore tornam-na mais desejável (Chavangi 1989). De facto, Chavangi (1989) afirmou que se acredita que a arca de Noabi foi feita de árvores *de Acacia tortilis.*

4.6.2.3 Atitude em relação à arboricultura

Quaisquer que sejam as condições climáticas e ecológicas, a maioria das pessoas na África do Sul está bem ciente dos benefícios das árvores, embora as atitudes em relação ao cultivo de árvores variem de uma comunidade para outra (Kerkhof, 1990). As condições ambientais e ecológicas prevalecentes em qualquer comunidade influenciaram a orientação cultural e social relativamente à plantação de árvores e, por conseguinte, as atitudes em relação ao cultivo de árvores (Kerkhof 1990). Em áreas onde os solos são férteis e o clima é favorável, a maioria dos agricultores já está a cultivar um número substancial de árvores. Isto também se aplica a pequenas áreas onde a densidade populacional é extremamente alta. É importante notar, contudo, que nas zonas de terra seca, o cultivo de árvores é muito mais difícil. Aparentemente, existem muitas razões pelas quais os habitantes de tais áreas têm uma atitude negativa em relação ao cultivo de árvores (Kerkhof, 1990). Algumas das razões mais óbvias incluem taxas de crescimento lentas, taxas de sobrevivência mais fracas e a dificuldade de proteger as plântulas contra o gado, conforme a observação de Kerkhof (1990). Os utilizadores da terra são, portanto, mais cautelosos e relutantes em investir recursos no cultivo de árvores.

4.6.2.4 Propriedade do terreno

A propriedade da terra no Distrito de Hlabisa, no que diz respeito ao DFC, está dividida em três (3) tipos - propriedade individual, propriedade tribal e propriedade comunitária, sendo a propriedade individual a forma mais comum (Kerkhof, 1990). Por conseguinte, até mesmo o desenvolvimento de bosques pode ser identificado como bosques tribais, bosques individuais e bosques comunitários. A propriedade da terra desempenha um papel significativo na plantação de árvores e noutras utilizações da terra. A maioria das comunidades rurais nos distritos de Mpembeni e Hlambanyathi é constituída por agregados familiares individuais.

Algumas das espécies de árvores comerciais, como os pinheiros, são de maturação lenta, constituindo assim, em primeiro lugar, um investimento a longo prazo (Kerkhof, 1990). A recuperação dos custos de investimento, incluindo o custo de oportunidade e a restituição integral das despesas de investimento efectuadas, leva tempo. A questão fundamental é se um indivíduo ou uma comunidade tem ou não a segurança de posse necessária para investir em árvores. As árvores têm de permanecer na posse desse indivíduo ou comunidade para que os custos possam ser recuperados. É necessário garantir a posse da terra para que as comunidades locais possam ser motivadas a plantar árvores.

Em alternativa, a posse e a gestão das terras comunitárias, individuais e tribais devem ser da responsabilidade dos indivíduos/comunidades/grupos ou instituições envolvidos. A questão crítica é a eficácia desse grupo de pessoas para gerir os recursos com sucesso, de modo a que os benefícios acumulados pelas árvores plantadas sejam canalizados para as partes interessadas. Consequentemente, com as circunstâncias económicas e sociais prevalecentes no país, a propriedade individual da terra apresenta a maior oportunidade e incentivo para a plantação de árvores e a utilização sustentável da terra.

Uma vez que a plantação de árvores é um empreendimento a longo prazo, a maioria das comunidades rurais reagiria positivamente ao investimento dos seus recursos na plantação de árvores se a terra onde plantam estivesse assegurada. Embora as autoridades tribais e a propriedade comunal da terra sejam os menores incentivos para a plantação de árvores, apresentam as maiores oportunidades neste domínio.

4.7 **Conclusão**:

A silvicultura comunitária enfrenta o desafio de aumentar a participação da comunidade em empresas comerciais relacionadas com os recursos florestais e de apoiar iniciativas locais para o desenvolvimento de empresas sustentáveis. A madeira e os produtos não lenhosos, como os frutos e a casca para fins medicinais, provêm das árvores. No entanto, os ecossistemas florestais proporcionam uma base de recursos muito mais alargada, incluindo mel, cogumelos, pastagem e erva para colmo. Todos estes recursos poderiam potencialmente proporcionar oportunidades de comércio; de facto, alguns já o fazem.

Ainda existem desafios no que respeita ao desenvolvimento de estratégias e intervenções que contribuam para o acesso sustentável à lenha por parte das comunidades desfavorecidas que vivem em zonas rurais. As lições aprendidas com a Iniciativa Biomassa da década de 1990 e de outros países em desenvolvimento devem ser reavaliadas e devem ser desenvolvidas novas orientações e objectivos. Estas permitiriam aos prestadores de serviços e ao pessoal da silvicultura comunitária dar um contributo significativo. Um contributo importante poderia ser dado pelas áreas comunitárias que desempenham um papel de apoio convincente na melhoria da sustentabilidade da gestão das florestas.

A vasta gama de valores que as florestas e os bosques têm para as pessoas na África Austral é um reflexo da diversidade cultural e das diferenças socioeconómicas das pessoas neste país. Foi apenas sugerido que a utilização sustentável das florestas e a prevenção de novas desflorestações requerem sensibilidade para as questões ecológicas e sociais. A utilização sustentável da floresta requer apoio político local e nacional no que respeita a dinheiro e força de trabalho, a fim de gerir as áreas florestais, proporcionar alternativas e evitar a sobre-exploração dos recursos florestais. Os recursos florestais incluem as florestas e o cultivo de plantas medicinais. Permitem também o crescimento económico e a expansão das oportunidades de trabalho, longe das práticas agrícolas que causam a destruição das florestas. É do interesse a longo prazo não só da população de Hlabisa em KwaZulu-Natal, mas de toda a população da África Austral, garantir que não ocorra a perda total dos recursos florestais.

Embora o acesso a espécies exóticas de crescimento rápido tenha provado ser de grande valor para as comunidades, a expansão destes recursos deve ser encorajada com cautela, no âmbito de outra legislação, como a NWA 36 de 1998 e a Lei da Conservação dos Recursos Agrícolas (CARA) 43 de 1983. A cooperação com outras agências que incentivam tecnologias alternativas que reduzem a procura de combustível é vital. O desenvolvimento da silvicultura comunitária é geralmente um processo orientado para a implementação, com dimensões sociais, culturais, técnicas e políticas.

Enquanto parte importante e integrante do desenvolvimento sustentável da silvicultura, a DFC deve ter em conta os factores em cada uma das respectivas áreas de execução. Os programas de DFC devem também satisfazer critérios, tais como a aceitação social, os aspectos relacionados com o género, a adequação técnica, a viabilidade económica, as competências de gestão local, a solidez ambiental e a orientação cultural dos beneficiários, tal como acima referido. O esforço para promover a silvicultura comunitária deve basear-se no diálogo e num equilíbrio de interesses mutuamente acordado entre os utilizadores das terras, na verdade entre todos os grupos afectados e envolvidos.

CAPÍTULO 5

Resultados e análise de dados

5.1 Visão geral

T ste capítulo apresenta os resultados da investigação realizada sobre as questões socioeconómicas e culturais que têm impacto sobre a DFC no Distrito de Hlabisa. Os dados demográficos são analisados para fornecer informações gerais sobre o tipo de inquiridos presentes na área. São também examinados os factores sociais, económicos e culturais que influenciam os membros da comunidade a plantar árvores. A resposta da comunidade à plantação de árvores será analisada. Esta resposta será avaliada à luz da adoção da silvicultura comunitária como um uso da terra.

5.2 Dados demográficos

A composição por género dos agregados familiares foi avaliada para permitir uma compreensão das estruturas familiares na área de estudo. Foi também avaliada a variabilidade nas preferências de uso da terra em função do género. Dos 146 agregados familiares visitados na área de estudo, 114 eram de composição patriarcal e 32 de composição matriarcal. A maioria das pessoas entrevistadas eram homens; as mulheres tendiam a esconder-se, a ser tímidas e relutantes em revelar informações. Isto deve-se ao facto de, culturalmente, não ser permitido às mulheres tomar decisões quando se trata de questões de propriedade ou de terra. Dos 68 chefes de família que trabalhavam fora de casa, 26 não eram membros de nenhum programa de cultivadores subcontratados e 42 eram membros do Projeto Mondi Khulanathi.

Havia 62 adultos do sexo masculino, 69 adultos do sexo feminino e 156 crianças de ambos os sexos com menos de 19 anos na área de estudo. Estima-se que o tamanho médio da população era de aproximadamente 287, com base nos agregados familiares da amostra.

FIGURA 1: Distribuição de cultivadores e não cultivadores de acordo com o seu nível de educação

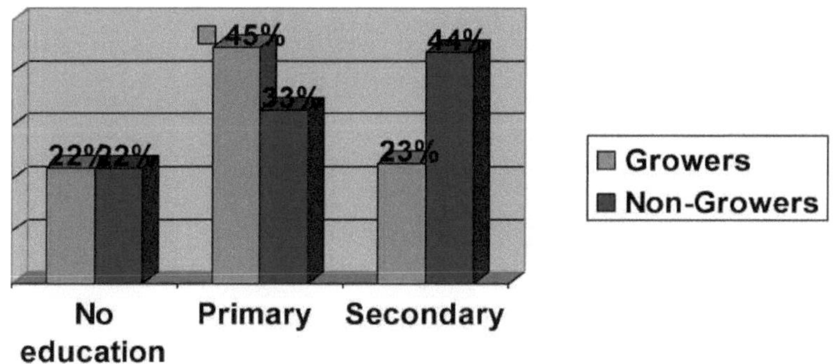

5.3 Níveis de educação do agregado familiar

A educação capacita a comunidade a tomar decisões sobre o uso da terra. Os níveis de educação foram avaliados, uma vez que a educação influencia os membros da comunidade a plantar árvores. 32 % dos produtores que participaram no estudo não tinham qualquer educação formal, 45 % tinham o ensino primário e 23 % tinham o ensino secundário. Entre os não-cultores, 22% não tinham educação formal, 33% tinham educação primária e 44% tinham educação secundária. Nenhum dos inquiridos possuía o ensino superior. O inquérito revelou ainda que 58 % dos inquiridos que não tinham educação formal eram produtores e apenas 34 % com educação secundária eram produtores.

A plantação de árvores implica um investimento a longo prazo de mão de obra em actividades de produção conexas. A idade, sendo uma faceta importante na agilidade dos indivíduos, foi avaliada como um possível fator que influencia as decisões comunitárias de utilização das terras. O grupo etário modelo foi de 46-55 anos para os produtores e de 26-35 anos para os não produtores. Os inquiridos eram predominantemente da faixa etária economicamente menos ativa, com mais de 45 anos.

Figura 2: Comparação quantitativa do rendimento do agregado familiar dos produtores gerais antes e depois da plantação de árvores

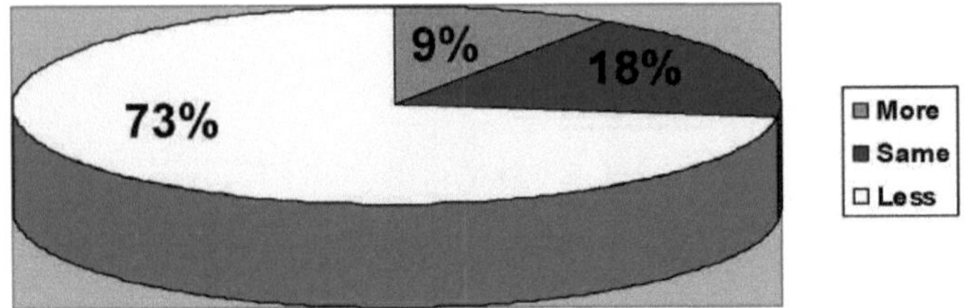

5.4 Rendimento do agregado familiar:

Os resultados do inquérito indicam que 70 % da comunidade estava interessada em plantar árvores para fins comerciais devido às implicações financeiras que daí advêm. 20 % indicaram que preferiam árvores de fruto porque estas produzem frutos todos os anos e geram um rendimento estável para a comunidade. Os produtores indicaram ainda que não havia um longo período de espera antes de poderem esperar obter um rendimento das árvores de fruto. Em contrapartida, os produtores de madeira que se lançaram na cultura de árvores comentaram que o dinheiro recebido era deduzido no final dos períodos de rotação e 10 % indicaram que preferiam as árvores indígenas para sombra e escultura; como quebra-ventos; e devido a crenças culturais. Dado que a rotação das árvores leva muito tempo até que os benefícios se concretizem, pode haver uma relação entre a vontade de adotar a silvicultura e a segurança financeira. A segurança financeira foi avaliada com base no rendimento mensal de cada agregado familiar. O estudo revelou que 31% dos produtores se enquadram no escalão de rendimento de 2400 rands e 44% têm um rendimento superior a 2000 rands. Em contrapartida, dos 76 não-produtores entrevistados, 25% têm um rendimento familiar entre 1500 e 2400 rands e 1% acima de 2400 rands. O rendimento dos que se encontram nos escalões de rendimento mais elevados é gerado tanto pelo trabalho por conta própria como pelo emprego formal.

5.3 Comparação do rendimento na altura da plantação das árvores com o rendimento durante o estudo

Para avaliar em que medida as árvores contribuíam para o rendimento do agregado familiar, perguntou-se aos produtores se o seu rendimento atual era menor, igual ou maior do que antes da plantação de árvores. Isto também permitiria determinar se a situação financeira no momento da tomada de decisão tinha influência na decisão de plantar árvores. 46 % dos produtores indicaram que, na altura da plantação das árvores, o rendimento do seu agregado familiar era inferior ao que tinha na altura em que este estudo foi realizado; 11 % dos produtores indicaram que o seu rendimento tinha diminuído desde que tinham plantado árvores; e 43 % dos produtores indicaram que não tinham a certeza se o seu rendimento tinha ou não sido afetado pela existência do projeto.

5.4 O uso do solo como fator na decisão de plantar árvores:

Em tempos, a correlação de dados e a significância dos testes efectuados utilizaram uma tabela de valores críticos para o coeficiente de correlação (Sokal & Rohlf, 1987). Existe uma correlação positiva entre a superfície total das terras pertencentes a um produtor ou agricultor e a superfície plantada com árvores a um nível de significância de 99 % (r = 0,97, df = 21). O coeficiente de correlação é rc = 0,41 e 0,53 aos níveis críticos de 1 % e 5 %, respetivamente. Uma vez que o coeficiente de correlação calculado (r) é superior ao coeficiente de correlação crítico (r-), existe uma correlação positiva significativa entre a superfície total do terreno e a superfície plantada com árvores. A equação seguinte ilustra a relação entre a superfície total arborizada e a superfície total da exploração.

$$Y = 0.89\% - 1.53$$

Onde: Y = Área plantada com árvores (Hectares)

X = Superfície total da exploração agrícola (Hectares)

A relação indica que se um agricultor tiver uma área total de 10ha, a área florestal prevista que os produtores ou agricultores podem desenvolver é de aproximadamente 8ha. Um agricultor com uma área total de 100ha desenvolverá 88ha. Isto deve-se ao facto de outras áreas serem utilizadas para vedações, corta-fogos e faixas de rastreio.

5.7 Os produtores como beneficiários da silvicultura comunitária:

Dos 70 produtores entrevistados na área de estudo, 35 produtores indicaram que tinham beneficiado positivamente da plantação de árvores, enquanto 25 inquiridos tinham beneficiado negativamente. O Quadro 3 apresenta uma repartição das respostas dadas pelos produtores em diferentes aldeias da área de estudo. Em contrapartida, 20 produtores não tinham a certeza se tinham ou não beneficiado, uma vez que, na altura do estudo, as suas parcelas de madeira eram ainda jovens e só tinham sido plantadas recentemente.

QUADRO 3:

Número de produtores que consideraram ter beneficiado, não ter beneficiado ou ter dúvidas quanto ao facto de terem beneficiado ou não da plantação de árvores

Response	**Overall %**	**Mpembeni**	**Hlambanyathi**	**Total**
Benefited	32 (46 %)	19	13	32
No Benefit	8 (11 %)	3	5	8
Not Sure	30 (43 %)	10	20	30
Total	**70 (100 %)**	**32**	**38**	**70**

5.8 Conclusão

O êxito do DFC pode ser avaliado em função dos objectivos comunitários alcançados. O grau de envolvimento da comunidade nas actividades de plantação de árvores, a criação de postos de trabalho ou de emprego, o desenvolvimento institucional, o desenvolvimento de uma base de competências e a geração de rendimentos constituem uma indicação clara do sucesso. O esquema de cultivadores subcontratados de Khulanathi no distrito de Hlabisa está a contribuir parcialmente para o desenvolvimento rural porque promove a perspicácia empresarial e a geração de rendimentos entre os cultivadores através da venda de árvores. As árvores geram rendimentos para as famílias, que podem ser gastos noutros bens e serviços, como a alimentação, a saúde e a educação, que melhoram a qualidade de vida. A plantação de árvores pelos agricultores também gera emprego para os próprios agricultores e para os empreiteiros, bem como para outros membros da comunidade no sector florestal. Contribui, assim, para o crescimento económico nacional.

Este estudo indica que, no âmbito do regime de cultivadores subcontratados de Khulanathi, os cultivadores não dispõem das competências e do equipamento necessários para executar o trabalho. Por conseguinte, a Mondi é obrigada a subcontratar os trabalhos a empresas privadas em nome dos produtores. Este regime de produtores subcontratados tem um maior peso financeiro na produção de árvores e tem de garantir que os produtores são capazes de obter dinheiro suficiente para reembolsar os empréstimos contraídos. O estudo indica ainda que a contratação de um empreiteiro experiente e melhor equipado, em nome dos produtores, para executar a maioria dos aspectos técnicos da plantação de árvores, constitui uma forma alternativa de aumentar a produção.

A preparação do terreno e a plantação são fundamentais para a sobrevivência das plântulas e devem satisfazer as exigências das espécies plantadas. Além disso, os custos devidos à mortalidade das plântulas no campo podem ser minimizados através de uma formação adequada (Armstrong, 1992). Uma redução da mortalidade das plântulas contribui para um aumento dos lucros. Os inquiridos indicaram que eram maioritariamente marginalizados durante a colheita, devido ao conhecimento insuficiente sobre a colheita. Este facto reduz os benefícios financeiros que deveriam reverter para os produtores, devido aos pagamentos que têm de ser feitos aos empreiteiros.

CAPÍTULO 6

Discus sion

6.1 Introdução

O estudo fornece uma crítica das questões que afectam a silvicultura comunitária no distrito de Hlabisa, estabelecendo o efeito da utilização humana. Esta informação contribui significativamente para as opções de gestão sustentável da floresta. O Capítulo Seis apresenta uma discussão detalhada dos resultados do estudo. Também apresenta medidas alternativas que podem melhorar os benefícios socioeconómicos dos cultivadores e outros que dependem dos recursos naturais para a sua subsistência, sem comprometer o bem-estar do ambiente. Além disso, este capítulo apresenta uma discussão sobre as caraterísticas de uma PCP como parte do Programa de Geração de Renda e Alívio da Pobreza. Este capítulo também apresenta algumas medidas alternativas que podem ser utilizadas tanto pelos programas de cultivadores subcontratados como pelo Governo ou pelos decisores políticos para desenvolver a silvicultura comunitária como um uso sustentável da terra.

6.2 Benefícios económicos

193 produtores - 56 do sexo feminino e 137 do sexo masculino - fazem parte do regime de cultivadores subcontratados de Mondi (Khulanathi). Atualmente, Khulanathi abrange uma área total de 286 hectares. Os custos de instalação por hectare dependem essencialmente da dimensão da parcela. A dimensão média estimada de uma parcela é de 1,5 hectares e, na altura em que este estudo foi realizado, os custos de colheita estimados eram de 200 rands por tonelada. O incentivo para cultivar árvores ou embarcar num Programa Comunitário de Desenvolvimento Florestal (PCDP) aumenta com os lucros que a comunidade obtém do programa. Os empréstimos concedidos pelo Khulanathi Outgrower Scheme permitem a participação da comunidade rural pobre, que de outra forma não teria podido investir num PCP devido à falta de financiamento (Gregersen *et al.,* 1989). Os produtores utilizam as facilidades de crédito concedidas pela Mondi Forestry para estabelecerem bosques.

De acordo com este inquérito, a Mondi oferece o esquema de cultivadores subcontratados dominante nos bairros de Hlambanyathi e Mpembeni. Na área de estudo, há também produtores não-alinhados que estão a receber apoio do pessoal florestal comunitário do DWAF. As florestas tribais, que foram criadas pelo DWAF para satisfazer as necessidades básicas das autoridades tribais e gerar rendimentos, fazem parte dos programas de DFC. A Mondi presta assistência financeira aos produtores para colmatar as suas necessidades financeiras. Estes produtores utilizam este dinheiro, que lhes é pago diretamente, para fins de silvicultura, tratamento e proteção das suas parcelas.

O estudo indica que os benefícios financeiros percebidos constituem a principal força motriz que levou os agricultores a adotar um PCDP como opção de uso da terra, embora existam outros factores que actuaram como forças motrizes complementares. O estudo indica ainda que 20 de 76 não cultivadores - ou seja, 26% dos não cultivadores - mostraram interesse em plantar árvores para obter ganhos financeiros. Além disso, o estudo reflecte que aqueles que estavam envolvidos na plantação de árvores eram vistos como tendo lucro. Alternativamente, 56 de 76 não-cultores - ou seja, 74% dos não-cultores - indicaram que nunca tinham considerado as árvores como um meio de gerar rendimentos.

Os inquiridos indicaram que os lucros líquidos dos produtores de Mondi eram estimados em 60 % do rendimento total proveniente das árvores. Estas estimativas sugerem que os produtores do Mondi ganham mais dinheiro com a venda de madeira do que com qualquer outra atividade, apesar dos juros de 10 % cobrados sobre o dinheiro que lhes é adiantado e independentemente dos elevados custos de produção associados ao programa Khulanathi. Isto deve-se provavelmente ao facto de Mondi oferecer um bom preço pela madeira e ensinar aos produtores melhores práticas de produção, o que aumenta a sua produção. Para determinar se a silvicultura comunitária contribui financeiramente de forma positiva para o rendimento do agregado familiar, perguntou-se aos inquiridos se o seu rendimento familiar tinha aumentado desde que tinham plantado árvores. Dos 70 produtores entrevistados, 23 produtores (33%) indicaram que o seu rendimento anual tinha aumentado desde que tinham plantado árvores, enquanto 47 produtores (67%) indicaram que o seu rendimento era o mesmo que antes da plantação de árvores. Os resultados globais indicam que o cultivo de árvores teve um impacto positivo no rendimento familiar dos produtores. Contudo, parece haver alguma confusão entre os produtores, porque mesmo aqueles que nunca tinham colhido afirmaram que o seu rendimento tinha aumentado. A maioria dos produtores entrevistados nunca tinha colhido, e alguns que tinham colhido não puderam confirmar que tinham gerado um rendimento com este processo.

O estudo refere ainda que a incapacidade da maioria dos produtores de fornecer números que indiquem o montante do rendimento gerado pelos produtos florestais ou pela venda de madeira se deve à falta de formação em gestão. Consequentemente, os produtores não tinham uma ideia clara do lucro que tinham obtido ou do custo da produção de árvores. É indiscutível que as árvores demoram muito tempo a amadurecer e parece que as pessoas estão a tomar decisões fundamentais e a longo prazo por ignorância. Este facto pode ter um impacto negativo nas comunidades cujas terras foram reservadas para o cultivo de árvores e, nestas circunstâncias, esta pode não ser a melhor opção de uso do solo.

Seis dos produtores indicaram que estavam satisfeitos com o regime e sugeriram que este se mantivesse inalterado. Em contrapartida, três outros produtores indicaram que a assistência oferecida era insuficiente e que a Mondi deveria aumentar o preço da madeira. Dois outros produtores consideraram que o aconselhamento prestado pela empresa aos produtores era inadequado e que os juros cobrados pela Mondi sobre os empréstimos eram demasiado elevados. Estes produtores são de opinião que os juros deveriam ser reduzidos ou completamente anulados.

70 produtores em 146 agregados familiares entrevistados indicaram que voltariam a plantar árvores depois de colherem a primeira colheita. A maioria dos produtores ainda estava disposta a plantar árvores ao abrigo do regime de silvicultura, ao contrário das constatações na Índia, onde os agricultores mudaram para a produção de legumes depois da primeira colheita (Chambers, 1989). Isto é uma indicação de que os produtores na área de estudo acreditam que beneficiam com a plantação de árvores. A questão que permanece sem resposta através deste estudo é se as árvores rendem mais dinheiro do que os usos alternativos do solo. Esta questão só pode ser determinada através de uma análise custo-benefício das possíveis utilizações do solo. Seria necessário elaborar uma análise económica para que as pessoas pudessem tomar decisões finais sobre a utilização dos solos.

6.3 Prestações sociais:

Para melhorar os benefícios sociais e contribuir para a elevação da comunidade, os conhecimentos adquiridos pelos produtores que participam no atual programa de Gestão Participativa das Florestas (GFP) devem ser divulgados entre a comunidade rural pobre do Distrito de Hlabisa, em vez de se convidarem respostas individuais ao programa. A GFP é a gestão sustentável de florestas indígenas para a conservação da biodiversidade e a elevação económica, social, cultural e espiritual do povo da África do Sul, com ênfase especial nas comunidades rurais pobres (DWAF, 2003). A DWAF, direção da GFP, adoptou o conceito de GFP como um dos seus programas. A DWAF pretende implementar programas de GFP de forma eficaz e eficiente e esforçar-se por:

- desenvolver e aplicar incentivos que apoiem a conservação da diversidade biológica e a utilização sustentável das florestas;
- promover o acesso equitativo aos recursos florestais naturais para melhorar a qualidade de vida, a cultura e os valores tradicionais e restaurar a dignidade de todos;
- incentivar e facilitar oportunidades económicas compatíveis e complementares com a conservação e a utilização das florestas indígenas através de parcerias público-privadas comunitárias;
- reforçar as competências das comunidades através de uma formação e educação adequadas que integrem os conhecimentos e competências indígenas; e
- promover formas inovadoras de maximizar os benefícios das florestas indígenas através da utilização sustentável dos recursos florestais.

A GFP eliminará ou, pelo menos, reduzirá a exploração da comunidade pelo intermediário através de empreiteiros de colheita e transporte. Uma tal instituição pode ser efetivamente iniciada por organizações governamentais tais como a DWAF e a DAEA (governação cooperativa). A ação colectiva na silvicultura comunitária pode permitir que as comunidades realizem actividades, como a colheita, e atinjam objectivos que podem não ser alcançados por indivíduos (Cornea, 1989).

Os dados recolhidos indicam que 70 % das comunidades rurais pobres dos distritos de Mpembeni e Hlambanyathi desconhecem os benefícios da arborização, embora a sua vida quotidiana dependa das florestas, especialmente para fins económicos, sociais, culturais e ambientais. O valor e a importância das árvores e das florestas nas suas vidas nunca lhes foram comunicados. Durante as reuniões comunitárias nos bairros de Mpembeni e Hlambanyathi, é evidente que:

- as comunidades aperceberam-se de que as florestas e bosques indígenas estão a esgotar-se;
- estas comunidades nunca se aperceberam de que esses recursos iriam desaparecer em breve e que deixariam de ter um abastecimento ilimitado das importantes árvores indígenas que satisfaziam as suas necessidades culturais, económicas, sociais e ambientais.

6.4 Nível de rendimento:

Aparentemente, existe uma ligação entre o nível de rendimento mensal e a adoção de PCP, como a utilização alternativa das terras. O estudo mostra ainda que 130 (73%) dos inquiridos com níveis de rendimento mensal superiores a 2 000 rands eram produtores (ver Anexo 3). Em contrapartida, os dados recolhidos indicam que 60 % dos produtores têm um rendimento familiar mensal superior a 500 rands, enquanto apenas 33 % dos não produtores têm um rendimento familiar mensal superior a 500 rands. Estes números mostram que os membros da comunidade com um rendimento mais elevado estão mais dispostos a adotar árvores do que aqueles com um rendimento familiar mais baixo.

Isto corresponde aos resultados obtidos na África subsariana por Cook & Grut (1989), que concluíram que a taxa de adoção dos PCP está diretamente ligada ao estatuto económico dos produtores. Alternativamente, isto leva à questão da segurança social e da preparação para investir em usos da terra mais orientados para o lucro, como observado por Erskine (1996) e pela FAO (1985). Indica ainda que a maioria dos membros da comunidade com baixos rendimentos não tem terra suficiente para participar na silvicultura comunitária.

O estudo revela que, na maioria dos casos, o nível de rendimento e a dimensão da propriedade fundiária estão relacionados - as pessoas com um rendimento mais elevado têm a maior área de terra. Estas pessoas podem utilizar a terra disponível e praticar livremente actividades de silvicultura comunitária em grande escala. Nenhum dos não cultivadores citou o sistema de posse como um obstáculo à plantação de árvores. Foi claramente indicado que o sistema de posse não desempenha um papel significativo no impedimento das comunidades de embarcarem em PFCs. Os não cultivadores que demonstraram interesse na silvicultura comunitária e que, subsequentemente, aderiram ao Plano de Cultivadores Subcontratados de Mondi (Khulanathi) indicaram que solicitaram licenças de plantação. Infelizmente, os atrasos no processo de emissão de licenças de plantação desencorajaram-nos. Os não cultivadores indicaram que as árvores poderiam ser plantadas sem o consentimento dos vizinhos, desde que houvesse provas suficientes de que os direitos de uso da terra estão bem definidos e seguros na zona.

6.5 Serviços florestais comunitários:

O pessoal da silvicultura comunitária deve concentrar-se em ajudar as comunidades a compreender o que há de bom nos PCP, em vez de se limitar a sensibilizar as comunidades para a importância socioeconómica, cultural e ambiental das árvores. As comunidades devem ser informadas sobre o funcionamento dos PCP e sobre as condições em que esses programas funcionam. As pessoas devem ser informadas sobre as competências e os conhecimentos que podem ser adquiridos através dos PCP. Mitchell-Banks (1996) comentou que uma maior consciencialização e uma gestão mais intensiva da base da terra resultariam numa melhoria da saúde geral do ecossistema da região. As comunidades também devem ser ajudadas a fazer o seu próprio trabalho, seguindo os conselhos oferecidos pelos funcionários no terreno.

A assistência às comunidades deve centrar-se na gestão financeira para desenvolver a sua capacidade de gerir e gastar o dinheiro obtido através da venda de produtos florestais. A existência de uma PCP que visa a elevação socioeconómica, mas não incentiva o retorno, torna os benefícios transitórios. De facto, torna-se uma prática auto-destrutiva e todo o programa se torna insustentável.

6.6 Migração

A maioria (60 %) dos agregados familiares em que o chefe de família trabalha fora de casa não está envolvida na plantação de árvores. A plantação de árvores, como uso da terra, requer o investimento de mão de obra. A ausência do chefe de família, devido à migração em busca de emprego noutro local, afecta negativamente a disponibilidade de mão de obra familiar e pode funcionar como um obstáculo à PCP. Devido à ausência do chefe de família, na maior parte dos casos um homem, as mulheres estão mais envolvidas na PCP. A disponibilidade de rendimentos do trabalho é um fator que contribui para a relutância do agregado familiar em plantar árvores. O investimento a longo prazo e a rotação de árvores contribuem para a falta de participação nos PCP. Os incentivos económicos influenciam a forma como a terra é utilizada e o apoio financeiro oferecido pelas empresas florestais. Além disso, a gestão das árvores cria uma tendência nas decisões de utilização das terras para a DFC. Por conseguinte, a silvicultura comunitária não compete em pé de igualdade com outras utilizações da terra (Gregersen *et al.* 1989).

6.7 Tomada de decisões sobre a utilização dos solos:

O apoio financeiro e técnico prestado pelo regime de fomento de Khulanathi não abrange opções alternativas de utilização das terras. Os regimes das empresas de silvicultura podem ajudar melhor as pessoas a satisfazerem as suas necessidades, que incluem a subsistência e o rendimento, de modo a garantir meios de subsistência adequados e seguros. Se as empresas se afastarem de um único produto florestal e optarem por uma diversidade de produtos, incluindo produtos florestais não lenhosos, os meios de subsistência das comunidades rurais pobres podem ser sustentados. A diversificação pode incluir o cultivo de árvores de fruto, com o fornecimento de mudas, juntamente com mudas *de eucalipto (Euc.spp)*, para o estabelecimento de pomares comunitários; e o desenvolvimento de projectos agroflorestais, em vez da produção de árvores em monocultura ou do uso múltiplo de *Euc.spp.*

A maioria de *Euc. spp.* produz óleos, que podem ser usados para fins medicinais (Douglas & Hart, 1984). O inquérito indicou que 25 (33 %) dos não cultivadores têm árvores de fruto dentro e à volta dos seus agregados familiares. Estes sistemas múltiplos de uso da terra assegurariam que os fruticultores recebessem continuamente benefícios da mesma parcela de terra usada para a plantação de árvores, antes e depois de as árvores serem colhidas. É necessário efetuar mais investigações para ver se a colheita de óleo não pode ser feita antes da colheita de madeira, como Douglas e Hart (1984) indicaram. Isto pode ser valioso no sentido em que os benefícios contínuos ou regulares devem estar na base de um regime de utilização dos solos bem sucedido.

6.8 Conclusão

O principal fator de motivação para os membros da comunidade embarcarem na silvicultura comunitária é a perceção de recompensas financeiras. Em contrapartida, a falta de terra é o principal fator limitativo para os membros da comunidade que não estão atualmente envolvidos na plantação de árvores. Este estudo mostra que, apesar de estarem motivados pela perspetiva de ganhos acrescidos, os produtores não sabem quanto ganham com outras utilizações da terra, nem sabem quanto devem esperar da produção de árvores. Os benefícios financeiros que os produtores obtêm são reduzidos. O baixo retorno financeiro deve-se ao elevado custo da colheita, que foi geralmente contratada a terceiros. Embora não se tenha efectuado uma análise custo-benefício da plantação de árvores neste estudo, torna-se evidente a partir da informação obtida através do questionário que, em geral, as expectativas dos produtores são demasiado elevadas.

As expectativas financeiras elevadas resultam da forma como o projeto é vendido aos produtores pelo pessoal da silvicultura comunitária. A informação não está prontamente disponível para permitir que os agricultores avaliem e comparem a plantação de árvores com outros usos da terra no momento da tomada de decisões. O Distrito de Hlabisa é bastante seco, com uma baixa pluviosidade. Por conseguinte, a adequação da terra para a produção de culturas foi considerada uma razão baixa para a plantação de árvores, e é provável que a terra mais adequada para outros usos seja utilizada para a produção de árvores. A ideia de que a silvicultura comunitária se concentra na produção de árvores em terras que são apenas marginalmente produtivas no que diz respeito a outros usos da terra, tais como culturas agrícolas, não parece ser uma força motriz importante.

A decisão dos membros da silvicultura comunitária de plantar árvores não se baseia em qualquer análise de custo-benefício das várias opções de uso da terra, mas sim na perceção dos benefícios a obter com a plantação de árvores. As comunidades também não parecem atribuir qualquer valor monetário às culturas agrícolas, que são produzidas e utilizadas a nível de subsistência. Os produtores acreditam que beneficiam financeiramente da plantação de árvores porque a venda de árvores à Mondi traz dinheiro para o agregado familiar. As decisões racionais sobre o uso da terra só são possíveis se a informação relativa à produtividade para todos os usos possíveis da terra estiver disponível de uma forma acessível e facilmente compreendida pelas comunidades rurais.

CAPÍTULO 7

Conclusões e recomendações

7.1 Visão geral

O desenvolvimento rural é um processo que visa melhorar o nível de vida da massa da população de baixos rendimentos que reside nas zonas rurais e tornar o seu desenvolvimento autossustentável (Lele, 1976). Em contraste, Gomes (1985) observa que o desenvolvimento da comunidade rural mostra a importância dos recursos e do agregado familiar como os principais factores no esforço de desenvolvimento rural. O desenvolvimento florestal em terras comunais influencia as comunidades - as questões socioeconómicas, culturais e ambientais devem afetar as pessoas. A diversidade biológica, os solos e a hidrologia são afectados negativamente, enquanto os impactos socioeconómicos são positivos (Lele, 1976). Lele (1976) comentou que a plantação de árvores em prados afecta a diversidade biológica ao nível do povoamento, na medida em que as árvores alteram o micro-habitat do povoamento, substituindo assim muitas das espécies de gramíneas, ervas e espécies lenhosas anãs que adoram o sol.

O estabelecimento de florestas como uso da terra em algumas zonas pode afetar o solo de forma negativa ou positiva. O estado nutricional do solo pode ser alterado, dependendo da natureza do solo e das condições ambientais em que o solo existe. No caso em que os solos são areias puras, pobres em nutrientes, a precipitação é relativamente alta e ocorre frequentemente em chuvas fortes, o solo tem uma tendência para ser lixiviado quando cultivado (Lele, 1976). O cultivo de árvores neste tipo de solo tende a melhorar o estado do solo porque as árvores aumentam o conteúdo orgânico, permitindo assim que o solo preserve mais nutrientes. Em segundo lugar, o possível impacto nas condições físicas do solo onde se realizam as operações técnicas de silvicultura, especialmente as actividades de corte em áreas íngremes, pode levar à erosão. O solo em zonas com elevado teor de argila pode ser compactado por maquinaria pesada. Em alternativa, os programas de DFC podem desenvolver os recursos humanos.

Em contrapartida, Ham e Theron (1999) indicam que os PCP modernos estão a tornar-se cada vez mais orientados para as pessoas. Estes programas contribuem para a criação de pequenas indústrias baseadas nos produtos dos projectos existentes, o que ajuda a elevar a economia local e, eventualmente, a reforçar o poder (Ham & Theron, 1999).

7.2 Os recursos florestais como fonte de rendimento

As florestas e os bosques constituem importantes fontes de rendimento para muitas populações rurais pobres, não só do Distrito de Hlabisa, mas de toda a África do Sul (Falconer, 1990). Falconer (1990) observou que os produtos florestais, tais como a lenha, são recolhidos e comercializados nos mercados locais, e destinam-se geralmente aos consumidores urbanos. Ele continua que tais produtos também fornecem as matérias-primas para actividades artesanais e de transformação (Falconer, 1990). Vários produtos florestais são regularmente recolhidos para comércio e consumo doméstico, entre eles, nozes de cola, (para comércio) produtos de palma (óleo, vinho, fruta, folhas para construção em cestaria e outras actividades artesanais) (Falconer, 1990).

Os frutos silvestres, outros alimentos e lenha recolhidos nas aldeias próximas dos mercados regionais constituem uma importante fonte de rendimento, bem como alimentos para o agregado familiar e postes para a construção de casas (Falconer, 1990). Falconer (1990) salientou que o grau de comercialização destes diferentes produtos florestais depende da necessidade de dinheiro, da acessibilidade dos mercados, das quantidades disponíveis do produto e do tempo disponível para a sua recolha e venda. Weber, (1974) também concluiu que os produtos florestais são por vezes comercializados para satisfazer as necessidades específicas de dinheiro das populações locais. A venda é predominantemente sazonal, atingindo o seu auge durante os períodos de seca agrícola, quando é necessário menos tempo para as actividades agrícolas e a necessidade de dinheiro é elevada. As necessidades específicas de dinheiro da comunidade ajudam a determinar os preços que são aceites ou oferecidos nos diferentes níveis do mercado.

Weber (1974) comentou que a quantidade de madeira extraída reflecte a necessidade de dinheiro dos agricultores ou produtores. Nas famílias em que os recursos circundantes supriam a maior parte das necessidades diárias, a madeira era extraída para atender a necessidades específicas de dinheiro, como o pagamento de impostos. Nas regiões onde as famílias dependiam mais do mercado para satisfazer as suas necessidades, uma parte maior da madeira era extraída para satisfazer as necessidades diárias de dinheiro (Weber, 1974). Falconer (1990) afirmou que a comercialização de muitos produtos florestais é especializada, envolvendo produtores (coletores) e comerciantes atacadistas em áreas rurais e urbanas. A maioria das pessoas, especialmente os agricultores, participa nestas actividades sazonalmente ou a tempo parcial. Estas actividades proporcionam emprego às pessoas e a venda de produtos florestais nas zonas rurais é uma fonte importante de rendimento em dinheiro, uma vez que existem frequentemente poucos meios alternativos (Weber, 1974).

Os mercados locais de recolha e comércio de produtos florestais indicam que existe uma procura generalizada destes produtos e que esta procura cria oportunidades consideráveis de geração de rendimentos para os produtores locais. Falconer (1990) considera que estes mercados são relativamente estáveis quando comparados com os mercados de produtos de base para exportação. Os mercados podem constituir uma fonte estável de rendimento para muitas pessoas envolvidas na produção e no comércio retalhista e grossista de produtos florestais (Falconer, 1990). De acordo com Falconer (1990), existem poucos inquéritos diretos que avaliem a contribuição do rendimento florestal para o orçamento familiar, embora se possa presumir que o rendimento, que complementa o orçamento familiar, é muito importante. De acordo com os dados recolhidos sobre o rendimento gerado pela venda de lenha e madeira no Distrito de Hlabisa, os rendimentos por pessoa-dia da cana de açúcar ou de qualquer produto agrícola são quase equivalentes.

O rendimento da lenha é fundamental, uma vez que proporciona os primeiros rendimentos da limpeza das terras, bem como o rendimento durante os períodos em que há pouca atividade no sector agrícola e poucas outras fontes de rendimento em dinheiro estão disponíveis. Para os retalhistas urbanos, 80 % dos quais são mulheres, o rendimento gerado pela lenha contribui entre 42 % e 80 % do rendimento total do agregado familiar (Falconer, 1990).

7.3 Reforço das capacidades e capacitação da comunidade:

O regime de cultivadores subcontratados de Mondi (Khulanathi) na zona não parece considerar o reforço das capacidades como uma prioridade. Os resultados deste estudo sugerem que a formação, no que diz respeito à produção florestal, oferecida aos produtores e aos membros da comunidade em geral é inadequada. A formação em silvicultura comunitária é uma necessidade nas comunidades rurais pobres. A educação e a formação resultam no empoderamento da comunidade e permitem que os seus membros tomem decisões informadas sobre o uso da terra. A importância da formação para a sustentabilidade dos projectos de desenvolvimento rural foi sublinhada por Holomisa, (1994) e Erskine *et al.* (1994). O Departamento de Assuntos Ambientais e Turismo (DEAT) apoia este facto, indicando que o estabelecimento de uma comunidade informada é de importância fundamental para a promoção da utilização racional do ambiente (Holomisa, 1994; Erskine *et al.* 1994).

Aparentemente, o envolvimento dos produtores nas actividades de produção de árvores é insuficiente, uma vez que a maioria dos entrevistados neste estudo indicou que a Mondi contrata empresas para o efeito.

O recurso a empresas contratadas para realizar as actividades de produção de árvores para os produtores limita as oportunidades de capacitação e reforço das capacidades. Quando a colheita e o transporte da madeira são subcontratados, a rentabilidade da plantação de árvores diminui significativamente para os produtores individuais. O principal obstáculo a este respeito é a falta de equipamento necessário para que os produtores executem o trabalho por si próprios.

Para promover o desenvolvimento de capacidades numa comunidade, particularmente numa comunidade de produtores florestais, é essencial oferecer formação em gestão financeira, para garantir a sustentabilidade dos pequenos produtores.

Este conhecimento também capacitaria os produtores e a comunidade em geral, permitindo aos membros tomar decisões de gestão responsáveis e melhorar os benefícios obtidos das árvores. É, portanto, imperativo que as empresas florestais incluam um programa de formação bem definido como componente de qualquer PCP.

A participação pouco intensa dos produtores no cultivo de árvores nas suas próprias terras tem implicações socioeconómicas negativas, tanto para os produtores como para a comunidade em geral. As desvantagens imediatas incluem:

- a falta de pastagens;
- a devastação económica das famílias quando o fogo queima os seus bosques ou árvores;
- a emergência de uma elite rural e a atribuição de mais terras a essas pessoas para a produção de madeira, em detrimento das famílias mais pobres, que não podem cultivar as suas terras.

Além disso, a falta de formação e de reforço das capacidades contribui para a fraca participação dos produtores. Isto significa que os produtores não estão equipados para efetuar a sua própria plantação no futuro, uma vez que não têm experiência prática. Também não possuem os conhecimentos técnicos relativos à plantação de árvores que são adquiridos através de formação formal.

7.4 Licenças de utilização da água

O sistema de licenciamento exige que as pessoas que pretendem plantar árvores para fins comerciais em terras virgens ou em terras que nunca foram florestadas solicitem uma licença de plantação. Além disso, a Lei Nacional das Florestas (NFA) 122 de 1984 autoriza o Ministro dos Recursos Hídricos e das Florestas a proibir a florestação ou a reflorestação de qualquer terreno, ou a ordenar ao proprietário do terreno em causa que tome as medidas consideradas necessárias para a proteção das águas naturais. O sistema de licenciamento tem por objetivo evitar a sobre-exploração dos recursos hídricos, impedindo a continuação da florestação em zonas sensíveis, mas não trata necessariamente dos danos que podem ser causados pela florestação ilegal.

Os pequenos produtores foram originalmente promovidos como talhões, embora a madeira fosse utilizada para fins comerciais (Gandar, 1994). Uma vez que a maior parte das actividades de silvicultura comunitária foi implementada em terras comunais e que as licenças de florestação estão atualmente ligadas ao título de propriedade, o sistema de licenças existente não é adequado para aplicação na silvicultura comunitária na África do Sul (Gandar, 1994). Atualmente, o processo de licenciamento evoluiu em resposta tanto à nova legislação como às novas formas de interação entre o Governo e a população. Neste inquérito, os inquiridos indicaram que os pedidos de licença demoram demasiado tempo a ser processados e os procedimentos são considerados inadequadamente complexos. Este facto dificulta o progresso dos programas de desenvolvimento de terrenos florestais.

O número de departamentos governamentais envolvidos no processo de tomada de decisões é a causa dos atrasos (Gandar, 1994). Atualmente, os mandatos não são claros, falta a capacidade de os executar, a autoridade é por vezes detida a nível nacional, quando as questões poderiam ser tratadas a nível local, e as partes interessadas têm de negociar um labirinto de diferentes processos e procedimentos. Para racionalizar os procedimentos de licenciamento das actividades de redução do caudal dos cursos de água, devem ser tidas em conta considerações especiais no que respeita aos pequenos produtores. Estas devem incluir:

- reavaliação do custo e do tempo de tratamento dos pedidos;
- reavaliação da escala dos impactos na comunidade;
- consideração das tensões resultantes das acções afirmativas; e
- reavaliação da repartição das prestações.

Propõe-se a investigação de um certo número de zonas representativas e a utilização dos resultados para reestruturar a conceção dos processos de candidatura e de avaliação, de modo a torná-los mais acessíveis aos pequenos produtores. Os factores acima referidos sugerem uma revisão do sistema de licenciamento para incluir as necessidades dos pequenos produtores. De facto, é imperativo sublinhar que o sistema de licenças de utilização da água deve ser modificado para se aplicar aos pequenos produtores de madeira em terras comunais.

Mesmo que os produtores individuais plantem pequenas áreas, o impacto cumulativo destas plantações é preocupante, uma vez que muitas pessoas participam e estão interessadas na plantação de árvores. Se a área atualmente florestada não satisfizer os requisitos da norma, a florestação deve ser interrompida após a colheita. O pessoal da silvicultura comunitária do DWAF, juntamente com as empresas florestais envolvidas em esquemas de produtores sob contrato, devem dispor de estruturas para melhorar a sensibilização ambiental dos produtores e das comunidades. As comunidades devem ser informadas sobre as implicações da florestação excessiva. A certificação florestal desempenha um papel importante na silvicultura no que respeita à comercialização. Deve ser efectuado um estudo intensivo nas zonas em que os pequenos produtores operam para estabelecer e promover níveis desejáveis de florestação. É essencial que as secções a florestar não ponham em risco as zonas húmidas e as zonas sensíveis do ponto de vista ambiental.

Tanto a DWAF como a DAEA, enquanto agências líderes, deveriam produzir um mapa adequado que indicasse as áreas potenciais para florestação. Tal permitiria um controlo intensivo da florestação por parte da DWAF, bem como a regulamentação do número de participantes e da dimensão das parcelas de madeira criadas no âmbito dos programas para pequenos produtores. Os produtores devem ser incentivados a criar cooperativas de produção e de comercialização que lhes permitam gerir sozinhos todas as actividades relacionadas com a plantação de árvores. Tal resultaria num aumento da participação da comunidade, bem como numa melhoria dos benefícios financeiros para os produtores.
A formação de cooperativas de produtores, com o contributo das empresas florestais, facilitaria a produção sustentável de árvores nas zonas rurais, contribuindo assim de forma positiva para a DFC.

O Governo deve ajudar os produtores não-alinhados através da concessão de subsídios para capacitar e incentivar a criação de cooperativas. Deve ser dada prioridade ao envolvimento da comunidade para capacitar os produtores através de uma gestão florestal participativa. A informação sobre o valor económico da plantação de árvores deve também ser fornecida às comunidades e aos planeadores participativos do uso da terra. A gestão florestal participativa reconhece os custos e os benefícios da plantação de árvores e melhora a responsabilização dos produtores pelas suas decisões de utilização das terras.

7.5 Utilização sustentável dos recursos florestais:

As populações dos distritos de Mpembeni e Hlambanyathi têm sido vítimas de destruição. Isto deve-se ao facto de as florestas naturais e os bosques constituírem o único recurso disponível para fornecer às comunidades as necessidades básicas, tais como material de construção, material para vedações e plantas medicinais. Para que as florestas e bosques do Distrito de Hlabisa sejam conservados, é crucial que as comunidades rurais pobres sejam sensibilizadas para o facto de que vale a pena conservar as florestas e bosques. As formas destrutivas de utilização da terra podem ser produtos diretos da pobreza e da distribuição tendenciosa da terra resultante de padrões políticos ou históricos de povoamento da terra. A nova mudança de política é de saudar - as florestas da África do Sul são de grande valor para o país, mas sofreram décadas de negligência governamental e de abuso por parte dos utilizadores. As estimativas indicam que mais de 40 % das florestas já foram gravemente degradadas ou transformadas noutras utilizações da terra (MacDonald, 1984; Low & Rebelo, 1996).

Em alternativa, as estimativas actuais de Fairbanks, Thompson, Vink, Newby, Van den Berg e Everard (2000) indicam que o número desceu para pouco mais de 20 %, o que, embora menor, continua a ser uma área significativa. A política e a legislação florestais sul-africanas foram alinhadas com o pensamento internacional, reconhecendo as florestas como parte dos recursos florestais (NFAP, 1996; National Forestry Act, 1998). O DWAF foi mandatado para desempenhar um papel de liderança na formulação de políticas, diretrizes, critérios, normas e indicadores apropriados para as florestas da África do Sul, mas nada mudou muito ao nível do terreno. Isto deve-se ao facto de que:

- as novas políticas ainda não chegaram aos proprietários e gestores de terras; e
- Atualmente, o DWAF não tem nem a experiência nem os recursos financeiros para desempenhar um papel de liderança nas florestas.

A silvicultura comunitária pode dar um contributo importante para resolver o problema da degradação das terras no Distrito de Hlabisa (Nuitjen, 1996). O impacto da desflorestação nas espécies florestais neste Distrito pode ser diminuído se os agricultores puderem reter árvores ou manchas florestais, juntamente com culturas agrícolas, nos seus pastos ou áreas demarcadas. Estas áreas florestadas podem satisfazer algumas das necessidades socioeconómicas e culturais das comunidades do CFD. Com a expansão da agricultura, as florestas indígenas foram destruídas, transformando a paisagem num mosaico de pastagens, canaviais e fragmentos florestais. No início da década de 1980, mais de um terço do Distrito de Hlabisa era ocupado por pastagens, sendo as restantes áreas florestadas (Nuitjen, 1996). De facto, Nuitjen (1996) era da opinião de que a conversão da floresta em pastagens ameaçava a sobrevivência de muitas espécies florestais, incluindo as utilizadas para fins sociais, económicos e culturais.

A necessidade de produzir alimentos para uma população em rápido crescimento no Distrito de Hlabisa significa que a situação só pode piorar, com mais terras florestais a serem desbravadas para pastagens e fins agrícolas (Nuitjen, 1996). O desenvolvimento de bosques no Distrito de Hlabisa deixou de promover as necessidades domésticas de lenha, madeira, forragem, alimentos ou frutos, medicamentos, fertilidade do solo e cobertura vegetal do solo para se dedicar ao desenvolvimento comercial. O desenvolvimento no Distrito de Hlabisa será efectuado através das pessoas, das decisões que tomam e das aspirações que têm em relação aos programas de DFC.

As comunidades de Hlabisa têm as suas práticas e crenças sociais, económicas e culturais locais, que devem ser consideradas cuidadosamente durante o processo de estudo. A cultura ou as experiências das pessoas podem aumentar a sustentabilidade da silvicultura comunitária, aproveitando o que já existe, usando o conhecimento e as crenças existentes. Chavangi (1984) comentou que estes podem ser usados como a base sobre a qual as várias tentativas de introduzir mudanças, seja na forma de ideias ou de entidades físicas, podem ser construídas. Uma apreciação do papel que as mulheres desempenham, a escolha das espécies de árvores e o conceito de participação individual podem melhorar muito a realização dos objectivos previstos na DFC.

As florestas e bosques indígenas no Distrito de Hlabisa ainda são utilizados por uma grande população, principalmente rural, para satisfazer necessidades essenciais, tais como lenha, material de construção, pasto e medicamentos. De acordo com este estudo, a área real de floresta indígena no Distrito de Hlabisa é desconhecida, mas desde 1994, a destruição da floresta através de práticas de corte e queimada tem vindo a reduzir a área de floresta indígena e bosques para dar lugar a culturas, campos e pastagens. A degradação, devido ao impacto da utilização, ocorre em todos os tipos de floresta, mas é particularmente notória nas florestas e em pequenas manchas florestais isoladas.

A gestão desempenha um papel importante na utilização sustentável das florestas e das matas. Quando se pratica uma gestão eficiente, estão disponíveis recursos adequados e as florestas estão em melhores condições do que quando há pouca ou nenhuma gestão. A razão de ser deste estudo foi a análise da medida em que os bosques, as florestas indígenas e as matas têm contribuído para a subsistência das comunidades rurais pobres. Além disso, o estudo abrange a medida em que as questões socioeconómicas, culturais e ambientais têm impacto na silvicultura comunitária e tenta fornecer uma visão eficaz dos mecanismos através dos quais se pode conseguir uma utilização sustentável.

7.6 Proteção das florestas e das matas:

Os resultados do estudo indicam que a dimensão da mancha e a distância até à floresta mais próxima afectam a utilização e o estado das florestas e bosques. É importante não só manter a integridade das grandes manchas, mas também proteger e reconhecer a vulnerabilidade das pequenas manchas. Isto pode implicar a manutenção de corredores entre manchas florestais ou dar prioridade a grandes manchas, com uma rede de manchas mais pequenas nas proximidades (Lawes, Mealin & Piper, 2000). Foram identificadas florestas e bosques indígenas tanto em Hlambanyathi como em Mpembeni Wards e a decisão sobre quais as autoridades que os devem gerir deve ser tomada em conjunto pela DWAF e pelas comunidades.

As florestas de propriedade privada são mais frequentemente geridas de uma forma amiga do ambiente do que as florestas de propriedade comunitária (Louw, 1991). Alternativamente, um componente chave para a eficiência

A gestão é o direito claro de custódia (Hanks, 1996). Além disso, McNeely (1995) indicou que o Governo deveria considerar a devolução de pelo menos alguns recursos nacionalizados a sistemas de torneiro baseados na comunidade e que essas comunidades deveriam ter a responsabilidade de pagar os custos de gestão e beneficiar desses recursos. Contudo, quando se considera o fracasso das comunidades em gerir as florestas e bosques indígenas no Distrito de Hlabisa durante os últimos anos, esta sugestão não é muito promissora, a menos que haja uma grande reforma social nas zonas rurais. As florestas e bosques que são importantes devido à sua rica biodiversidade requerem um estatuto mais elevado de proteção, e precisam de ser geridos por uma organização com pessoal formado que tenha à sua disposição recursos e apoio adequados (De Villiers & White, 2000).

A gestão florestal participativa deve ser prosseguida e as populações locais devem ser envolvidas na tomada de decisões e na responsabilidade da conservação; ao mesmo tempo, devem beneficiar dos recursos (Songorwa, 1999; Grundy, 2000). A recomendação de que, para fins de sustentabilidade, seja introduzido um sistema de gestão florestal participativa como o estilo de gestão mais eficiente é, por conseguinte, alargada às comunidades de Hlabisa. Recomenda-se também que se elabore um sistema abrangente de gestão de terras para as florestas e bosques indígenas do Distrito de Hlabisa, com todos os actores - comunidades locais, municípios locais, prestadores de serviços e partes interessadas - a trabalhar em consulta.

Deve ser dada prioridade à educação da comunidade (Huntley *et al.*, 1989), à sensibilização para a conservação, à melhoria da transparência e da comunicação (Songorwa, 1999). Por conseguinte, o papel do DWAF consiste em promover a compreensão dos processos ecológicos como base para o desenvolvimento de opções de gestão e de uma gestão sustentável das utilizações múltiplas (Geldenhuys, 1997).

7.7 Cálculo de planos de modelos sustentáveis:

É necessário tomar decisões sobre a utilização dos recursos florestais. A fim de identificar e descrever a base de recursos (Wild & Mutebi, 1996; Geldenhuys, 1997) e os seus potenciais e constrangimentos, devem ser compilados inventários participativos adequados dos recursos, utilizando os conhecimentos locais, para incorporar as necessidades das comunidades. Os cientistas podem contribuir através do desenvolvimento de modelos de colheita óptimos e sustentáveis. Sem a utilização de modelos de planos sustentáveis, não há incentivos para que as comunidades rurais pobres se empenhem na conservação e na gestão sustentável. No entanto, as pessoas cuidarão de um recurso valioso.

Por conseguinte, a distribuição transparente e equitativa dos benefícios é importante para garantir uma gestão eficaz (Hanks, 1996). A produção de uma colheita sustentável através da gestão dos recursos resultará em custos económicos para os habitantes locais, que poderão ter obtido maiores benefícios a curto prazo através de uma exploração descontrolada. O desenvolvimento de actividades económicas alternativas, como o ecoturismo, poderá atenuar os custos (Bodmer, Fang, Moya & Gill, 1994). O turismo tornou-se a maior indústria do mundo e, até 2005, prevê-se que o turismo global empregue 388 milhões de pessoas (Hanks, 1996).

7.8 Reabilitação de terrenos degradados:

A maioria das florestas do distrito de Hlabisa foi destruída ou gravemente degradada. O custo da reabilitação é proibitivamente caro e as comunidades não podem pagar sem a ajuda do Governo. Por conseguinte, há necessidade de encontrar formas de ancorar o solo, permitindo que as dongas se curem gradualmente, arredondando as arestas, evitando mais erosão e criando novos solos. A silvicultura comunitária pode ser utilizada eficazmente para realizar este objetivo. A reabilitação de bosques e florestas deve ser efectuada para garantir benefícios sustentáveis contínuos dos seus recursos. A pressão exercida pelas comunidades locais sobre as florestas pode ter de ser eliminada para permitir a reabilitação das florestas degradadas (Geldenhuys, 1997). Poderiam ser lançados projectos de sumidouros de carbono (florestas), financiados pelos países do Primeiro Mundo, para reabilitar as terras e dar emprego às comunidades locais.

É aconselhável plantar um cinturão de árvores no cimo de um declive, no topo de uma donga ou de uma proliferação de dongas, ou onde a vegetação tenha sido severamente enfraquecida pelo pastoreio excessivo e pela lixiviação do solo. Isto proporciona um sistema radicular que retardará o escoamento e reduzirá a erosão do solo. Para além disso, fornecerá folhas que ajudam a formar o solo. A colocação de desbastes, ramos e cepos nas dongas é também uma possibilidade. Isto também retarda o escoamento e encoraja o desenvolvimento de húmus *in situ* nas dongas. Isto promove o crescimento de plantas adicionais, o que irá promover a restauração da terra.

A utilização de árvores, incluindo espécies arbóreas exóticas, para a recuperação de áreas degradadas pode ser um empreendimento opcional, mas deve ser considerado com extremo cuidado. Uma opção preferível seria a utilização de gramíneas ou arbustos indígenas para fins de recuperação. Alternativamente, as raízes de gramíneas são conhecidas por serem eficazes na retenção do solo. Contudo, pode haver casos em que os benefícios e usos adicionais das árvores podem fazer pender a balança a favor da plantação de árvores. Outra opção é a utilização combinada de gramíneas, arbustos indígenas e árvores, para atingir diferentes objectivos. As possíveis soluções para estas áreas degradadas são muito específicas do local e cada caso individual exigiria uma investigação exaustiva.

7.9 Plantação de fontes alternativas de madeira e melhoria dos métodos de silvicultura das comunidades locais

A plantação de bosques para suprir a procura de lenha e de material de construção é essencial, particularmente no distrito de Hlabisa, onde a população é elevada e as florestas indígenas e os bosques estão a ser rapidamente desmatados. Atualmente, apenas espécies exóticas como o *eucalipto* são utilizadas como espécies florestais, mas as populações rurais locais não preferem esta espécie para consumo local porque não arde durante tempo suficiente. A produção de eucalipto também não é bem sucedida em certas zonas. Recomenda-se ainda que as espécies indígenas selecionadas possam ser cultivadas em povoamentos puros ou mistos (Geldenhuys, 1997). Foram identificados diferentes tipos de 20 espécies que são utilizadas pelas pessoas, das quais 10 espécies podem ser classificadas como árvores polivalentes, utilizadas tanto para frutos como para madeira. As possibilidades de plantar estas espécies, tais como *Millettia grandis* para escultores de madeira e *Ocotea bullata* para usos medicinais, devem ser investigadas. A introdução de programas agro-florestais pode ajudar a reduzir a necessidade de práticas de corte e queimada (Geldenhuys, 2001).

7.10 O caminho a seguir

Finalmente, o inquérito indicou que, embora a silvicultura esteja a contribuir para a elevação social no Distrito de Hlabisa, a capacitação da comunidade e o envolvimento dos produtores em todas as actividades de produção de árvores são insuficientes. Além disso, verificou-se que o transporte, que é subcontratado na maioria dos casos, constitui uma grande preocupação dos produtores, que se sentem explorados pelos contratantes.
Este estudo mostrou que apenas uma pequena parte dos produtores beneficia das actividades de gestão das árvores. Além disso, verificou-se que os membros da comunidade não estão sensibilizados para as questões ambientais. Assim, os esforços devem centrar-se no aumento dos benefícios para os produtores, o que, por sua vez, aumentará a sua consciência ambiental.

Incentivar os produtores a praticar o cultivo de árvores e de culturas agrícolas assegurará que os produtores produzam alguns alimentos a nível de subsistência e, ao mesmo tempo, gerem rendimentos através da venda de árvores. Para além disso, distribuirá os riscos da produção agrícola e maximizará os benefícios obtidos pelos produtores. A formação de cooperativas de produtores como instituições envolvidas no estabelecimento, gestão, colheita e comercialização das árvores para os membros será um passo importante para alcançar o desenvolvimento sustentável da silvicultura. O aconselhamento e o apoio do pessoal do DWAF e das empresas florestais na fase inicial do desenvolvimento das cooperativas são essenciais. As cooperativas conduziriam a um planeamento participativo da utilização das terras, uma vez que seriam geridas pelos membros proprietários, que participariam no processo de tomada de decisões em todas as fases do projeto.

Como organização, uma cooperativa estaria em melhor posição para formar membros em vários domínios especializados para assegurar o seu funcionamento eficiente. Alguns dos principais domínios em que a especialização é indispensável são a plantação e gestão de árvores, a gestão ambiental, a administração e as finanças. Com pessoal qualificado nestes domínios, a cooperativa poderá gerir o projeto de silvicultura de forma rentável. Um comité democraticamente eleito deve distribuir os benefícios aos membros proprietários.

LISTA DE REFERÊNCIAS

Abbott, J.C. e Makeham, J.P. (1979). *Agricultural economics and marketing in the Tropics.* London: Longman. (Série "Intermediate Tropical Agriculture").

Acocks, J.P.H. (1953). Tipo Veld da África do Sul. *Memórias do inquérito botânico da África do Sul,* **28**, 1-128.

Akinga, W.N. (1980). *Woodfuel Survey Project in Kenya 1979-80.* Nairobi: Ministério do Ambiente e dos Recursos Naturais, Departamento Florestal, Nairobi.

Armstrong, G. (1992). *Manual de silvicultura social: Uma ajuda ao desenvolvimento rural no Lesoto.* (Manuscrito não publicado).

Arnold, J.E.M. ed.. (1992). *Community forestry : Ten years in review.* Roma: Organização das Nações Unidas para a Alimentação e a Agricultura.

Centro Australiano para a Investigação Agrícola Internacional. (1992). *Eucalipto: maldição ou cura: The impacts of Australia's 'world tree' in other countries.* Camberra: ACIAR

Bailey, K.D. (1982). *Methods of social research.* 2nd edition. London: Collier Macmillan.

Bodmer, R.E., Fang, T.G., Moya, I.L. e Gill, R. (1994). Gestão da vida selvagem para conservar a população da floresta amazónica: Biologia e considerações económicas da caça. *Biodiversidade e Conservação.* ***67*** (1) pp. 29-35.

Breen, C. (1994). Quem pode ver a árvore? **In:** Little, T. e Hornby, D. (1994). *Socioeconomic effects of changes in land use resulting from afforestation initiatives.* Pietermaritzburg: Instituto de Recursos Naturais.

Cairns, R.I. (1995). *Sistemas comerciais de madeira para pequenos produtores em KwaZulu.* Durban: Centro de Estudos Sociais e de Desenvolvimento, Universidade de Natal.

Calder, I.R., Hall, R.L. e Adlard, P.G. (1992). *Growth and water use of forest plantations (Crescimento e uso da água em plantações florestais).* New York: John Wiley and Sons.

Cape Forest Act 26 de 1889 (1889). Departamento de Silvicultura. Cidade do Cabo: Governo Impressora.

Cernea, M.M. ed. (1985). *Putting people first: Sociological variables in rural development.* Washington: Oxford University Press. (Série Publicações do Banco Mundial).

Cernea, M.M. (1989). *Grupos de utilizadores como produtores em estratégias participativas de florestação.* Washington: Banco Mundial. (World Bank Discussion Papers, no.70).

Chambers, R. (1989). *Para as mãos dos pobres: Water and trees.* Londres: Intermediate Technology.

Chambers, R. (1993). *Rural appraisal: Rapid, relaxed and participatory.* Brighton: Instituto de Estudos de Desenvolvimento, Universidade de Sussex.

Chavangi, N.A. (1984). *Cultural aspects of fuelwood: Procurement in Kakamega District, Kenya Woodfuel Development Programme.* Nairobi: Kenya Woodfuel Development Programme, Instituto Beijer. (Documento de trabalho n.º 4).

Chavangi, N.A. (1989). *Participação da população rural nas florestas, com ênfase na participação das mulheres.* Quénia: Ficheiro Nacional do OFOPLAN.

Christie, S. e Gandar, M.V. (1995). *Commercial and social forestry.* Joanesburgo: Land and Agriculture Policy Centre. 86 p. (Documento de trabalho 18).

Cook, C.C. e Grut, M. eds. (1989). *Agroforestry in Sub-Saharan Africa: A farmer's perspective.* Washington: Banco Mundial. (Documento técnico nº 112).

Cooper, K.H. (1985). *The conservation status of indigenous forests in Transvaal, Natal and Orange Free State, South Africa.* Durban: Wildlife Society of South Africa, Conservation Division.

Dabas, M. e Bhatia, S. (1996). Carbon sequestration through afforestation: O papel das plantações industriais tropicais. AMBIO: *A Journal of Human Environment,* **25**(5), p. 327-330.

Dane, F.C. (1990). *Métodos de investigação.* Califórnia: Books/Cole Publishing Company.

De Villiers, D. e White, R.M. (2000). The distribution, status and conservation management of indigenous mammals in Transkei Coastal forests. **In:** Seydack, A.H.W., Vermeulen, W.J. e Vermeulen, C. eds. *Towards sustainable management based on scientific understanding of natural forests and woodlands.* Knysna: Department of Water Affairs and Forestry.

Dedekind, K.R. (1992) *The spatial, economic and organisation effects of small scale florestation projects within the Greater Biyela Integrated Rural Development Project.*

Ministério da Agricultura e do Ambiente. (1996). *A policy in agriculture in KwaZulu Natal.* Pietermaritzburg: Cedara.

Departamento de Recursos Hídricos e Florestas. (1995). *Para uma política de gestão sustentável das florestas na África do Sul: A discussion paper.* Pretória: Government Printer.

Departamento de Recursos Hídricos e Florestas. (1996). *Livro Branco sobre o desenvolvimento sustentável da silvicultura na África do Sul.* Pretória: Impressora do Governo.

Departamento de Recursos Hídricos e Florestas. (1997). *Plano de Ação Nacional de Silvicultura da África do Sul.* Pretória: Impressora do Governo.

Departamento de Recursos Hídricos e Florestas. (2003). *Estratégia para a gestão florestal participativa. Desenvolvimento de capacidades na gestão florestal participativa em florestas estatais indígenas.* Pretória: Impressora do Governo.

Douglas, J. (1983). *A reappraisal of forestry development in developing countries (Uma reavaliação do desenvolvimento da silvicultura nos países em desenvolvimento).* Camberra: Martinus Nijhoff/Dr. W.Junk.

Douglas, J.S. e Hart, R.A.J. (1984). *Forest farming: Towards a solution to problems of world hunger and conservation.* Londres: Intermediate Technology Publication

Edwards, M.B.P. (1994). A perspetiva da silvicultura comercial. **In:** Little, T. e Hornby, D. (1994).*Socio-economic effects of changes in land use resulting from iniciativas de florestação: Report on proceedings of a workshop held in Durban, 16 August*

Emerton, L. and Mogaka, H. (1994). *Participatory valuation of environmental resources.* Nairobi. Divisão de Serviços de Extensão Florestal, Departamento de Silvicultura. (Não publicado).

Emerton, L., Kanyanya, E., Kareko, K., Maina, A., Ngige, J. e Wangwe, B. (1996). *Socio-economic techniques for farm forestry extension (Técnicas socioeconômicas para a extensão da silvicultura agrícola).* Nairobi: Forest Extension Services Division (Divisão de Serviços de Extensão Florestal), Forestry Department (Departamento de Silvicultura).

Engel, T.G.H. e Solomon, M.L. (1997). *Networking for innovation: A participatory ator-oriented methodology.* Amesterdão: Instituto Real Tropical, KIT Press.

Erskine, J.M. (1996). Rural community development: Enfrentar a realidade. *Focus on Development of Communities,* **4** (1), 38 - 41.

Erskine, J.M., Venn, A.C. e Sangweni, S.S. (1994). *Estudo de viabilidade sobre uma proposta de desenvolvimento rural e escola agrícola na África Austral: Relatório da Fase 2.* Pietermaritzburg: Instituto de Recursos Naturais.

Everard, D.A. (1996). *Documento de referência para o Programa Nacional de Ação para a Silvicultura.* Pretória: Department of Water Affairs and Forestry.

Fairbanks, D.H.K., Thompson, M.W., Vink, D.E., Newby, T.S., Van den Berg, H.H. e Everard, D.A. (2000). A base de dados das caraterísticas do coberto vegetal da África do Sul: uma sinopse da paisagem. *South African Journal of Science.* **96** (2), 69 - 81.

Falconer, J. (1990) *The major significance of 'minor' forest products: The local use and value of forests in the West African humid forest zone.* Roma: Organização das Nações Unidas para a Alimentação e a Agricultura. (FAO Community Forestry Notes No. 6).

Organização das Nações Unidas para a Alimentação e a Agricultura. (1978). *Forestry for local community development.* Roma: Organização das Nações Unidas para a Alimentação e a Agricultura. (Documento florestal n.º 7).

Organização das Nações Unidas para a Alimentação e a Agricultura. (1985). *Arborização das populações rurais,* Roma: Food Organização das Nações Unidas para a Agricultura e a Alimentação. (Documento florestal n.º 64).

Organização das Nações Unidas para a Alimentação e a Agricultura. (1989). *Floresta e segurança alimentar.* Roma: Organização das Nações Unidas para a Alimentação e a Agricultura. (Documento florestal n.º 90).

Foley, G. e Barnard, G. (1984). *Farm and community forestry: Technical report no. 3.* Londres: Instituto Internacional para o Ambiente e o Desenvolvimento.

Fox, R. e Weber, M.T. (1981). Micro level research on rural marketing systems. **In:** Bellamy, A. M. e Greenshields, L. B. eds. (1981). *The rural challenge: Contributed papers read at the 17th International Conference of Agricultural Economists. International Association of Agricultural Economics Paper No. 2.* Aldershot: Gower.

Francis, L.M. (1977). *Guia para a plantação de árvores: Zululand.* Pretória: Departamento de Silvicultura. (Panfleto, 197).

Gandar, M.V. (1994). Bosques: Um novo papel. *Trabalho apresentado na Plant Life Conference.* Pretória.

Geldenhuys, C.J. (1997). Sustainable harvesting of timber from woodlands in Southern Africa: Desafios para o futuro. *Southern African Forestry Journal.* **178,** março, 59-72.

Geldenhuys, C.J. (no prelo). Satisfação da procura de casca de Ocotea bullata: implicações para a conservação de espécies arbóreas medicinais e de elevado valor. **In:** Lawes, M., Eeley, H., Shackleton, C. e Geach, B. eds. *Use and value of indigenous forests and woodlands in South Africa (Utilização e valor das florestas e bosques indígenas na África do Sul).* Durban: University of Natal Press.

Geldenhuys, C.J., Knight, R.S., Russell, S. e Jarman, M.K. eds. (1988). Dictionary of Forest Structural Terminology (Dicionário de Terminologia Estrutural Florestal). *Programas Científicos Nacionais da África do Sul.* Pretória: Fundação para o Desenvolvimento da Investigação. (Relatório n.º 147).

Georgiou, S., Whittington, D., Pearce, D. e Moran, D. (1997). *Economic values and the environment in the developing world.* Programa das Nações Unidas para o Ambiente. Cheltenham (Reino Unido); Lyme (EUA): Edward Elgar.

Gomes, P.I. (1985). Introdução. **In:** Gomes, P.I. ed. (1985) *Rural development in the Caribbean.* London: C. Hurst & Company.

Gregersen, H., Draper, S. e Elz, D. eds. (1989) *People and trees: The role of social forestry in sustainable development.* Washington: Banco Mundial (EDI Seminar Series).

Grundy, I. (2000). Gestão de florestas e bosques para produtos não-madeireiros: o caminho a seguir. **In:** Seydack, A.H.W., Vermeulen, W.J. e Vermeulen, C. eds. *Towards sustainable management based on scientific understanding of natural forests and woodlands.* Knysna: Department of Water Affairs and Forestry.

Ham, C. e Theron, J.M. (março de 1999). Silvicultura comunitária e desenvolvimento de bosques na África do Sul: O passado, o presente e o futuro. *South African Journal.* **184**, 71 - 79.

Hanks, J. (1996). Conferência da Associação de Gestão da Fauna Bravia da África Austral sobre o Uso Sustentável da Fauna Bravia. (9-11 de abril, 1996*). Jornal Sul Africano de Investigação sobre a Vida Selvagem.* **26** (4) 100-101.

Holomisa, B. (1994). A visão do novo Governo sobre o ambiente e a utilização sustentável dos recursos. **In:** Adisu, M., Croll, P. e Matowanyita, J.Z.Z. eds. (1994). *Human and social imperatives for environmental and resource management in South Africa: Proceedings of Round Table Conference held at KwaMaritane Camp, Pilanesberg National Park, North-West Province, South Africa 14-18*

August 1994. Harare: Gabinete Regional para a África Austral da União Internacional para a Conservação e Recursos Naturais.

Huntley, B., Siegfried, R. e Sunter, C. (1989). *South African environments into the 21st century.* Cidade do Cabo: Human and Rousseau, Tafelberg.

Kerkhof, P. (1990). *Agroflorestação em África: A survey of project experience.* Londres: O Instituto PANOS.

Lawes, M.J., Mealin, P.E. e Piper, S.E. (2000). Ocupação de manchas e dinâmica metapopulacional de três mamíferos florestais em florestas afromontanas fragmentadas na África do Sul. **In:** Seydack, A.H.W., Vermeulen, W.J. e Vermeulen, C. eds. (2000). *Towards sustainable management based on scientific understanding of natural forests and woodlands.* Actas do Simpósio II sobre Florestas Naturais e Matas (1999, Knysna). Knysna: Department of Water Affairs and Forestry.

Lele, U. (1976). Política e prática no desenvolvimento rural. **In**: Hunter G., Bunting A., Bottrall A.H. eds. *Actas do 2º Seminário Internacional sobre Mudança na Agricultura, setembro de 1974.* Reading, pp. 147-157.

Comité Consultivo para a Avaliação das Licenças. (2002). *Minutes of 20th Stream Flow Reduction Activities Licence Assessment Advisory Committee Meeting.* Durban: Department of Water Affairs and Forestry (Departamento de Recursos Hídricos e Florestas).

Louw, L. (1991). *Environmentalism: Emoção vs realidade.* Hartline Marketing. Estocolmo. Instituto do Ambiente de Estocolmo. janeiro: 4-6.

Low, A.B. e Rebelo, A.G. eds. (1996). *Vegetation of Southern Africa, Lesotho and Swaziland (Vegetação da África Austral, Lesoto e Suazilândia).* Pretória: Departamento de Assuntos Ambientais.

MacDonald, I.A.W. (1984). O papel do homem na mudança da face da África Austral. **In:** Huntley, B.J. ed. (1989) *Biotic diversity in Southern Africa: Concepts and conservation.* Cidade do Cabo: Oxford University Press.

Maharjan, M.R. (1993). *Cost and benefit sharing patterns in community forestry of Nepal (Padrões de partilha de custos e benefícios na silvicultura comunitária do Nepal).* Documento de dissertação não publicado, Universidade Nacional Australiana, Camberra, Austrália.

Martin, G. J. (1995). *Ethnobotany: A methods manual.* Londres: Chapman & Hall. (Série: People and Plants Conservation Manuals, Vol. 1).

May, T. (1993). *Social research issues, methods and progress.* Buckingham: Open University Press.

McNeely, J.A. (1995). Como os agro-ecossistemas tradicionais podem contribuir para a conservação da biodiversidade. **In:** Halladay, P e Gilmore, D.A. eds. *Conserving biodiversity outside protected areas: The role of traditional agro-ecosystems.* Cambridge: União Internacional para a Conservação da Natureza e dos Recursos Naturais, pp. 20 - 40.

Mitchell-Banks, P. (1996). *Posse comunitária de florestas na Colômbia Britânica: "New" solutions to old problems.* (Não publicado).

Lei Nacional de Silvicultura 122 de 1984. Departamento de Assuntos Hídricos e Florestais. Pretória: Impressora do Governo (Parte II).

Lei 84 de 1998 relativa à silvicultura nacional. Departamento de Assuntos Hídricos e Florestais. Pretória: Impressora do Governo. Capítulo 1.

Lei Nacional da Água 36 de 1998. Departamento de Assuntos Hídricos e Florestais. Pretória: Impressora do Governo. Capítulo 4.

Nuitjen, H.A.C.P. (1996). *Métodos e critérios de seleção no melhoramento vegetal utilizados por pequenos agricultores de KwaZulu-Natal, na África do Sul.* KwaDlangezwa: Departamento de Agricultura, Universidade de Zululand.

Pearce, D. ed. (1991). *Blueprint 2: Greening the world economy.* London: Earthscan Publications.

Rocheleau, D.E. (1987). A perspetiva do utilizador e a agenda de investigação e ação agroflorestal. **In:** Gholz, H.L. ed. (1987). *Agroforestry: Realities, possibilities and potentials.* Dordrecht: Martinus Nijhoff Publishers, pp. 59-87.

Rutherford, M.C. e Westfall, R.H. (1986). Biomas da África Austral: Uma categorização objetiva. *Memórias do Serviço Botânico da África do Sul.* **54**, 1-98.

Sokal, R.R. e Rohlf, F.J. (1987). *Introduction to biostatisticts.* 2nd ed. Washington: Library of Congress Cataloging-in-Publication Data.

Songorwa, A.N. (1999). *Gestão da vida selvagem com base na comunidade na Tanzânia: as comunidades estão interessadas?* World Development. **27** (12) 2061 - 2079.

Scotcher, J. (1995). *Silvicultura e utilização da água: A company environmental perspective.* Pietermaritzburg: SAPPI Forests.

Shackleton, C.M., Willis, C.B. e Scholes, R.J. (novembro, 2001). Woodlands or wastelands: Examinar o valor das florestas da África do Sul. *Southern African Forestry Journal,* (192), 65 - 72.

Von Maltitz, G. (1996). *Economic aspects of forest and woodland management (Aspectos económicos da gestão de florestas e bosques).* Pretória: Programa de Ação Nacional.

Warren, M. (2000). *Alocações de redução de caudal e gestor de projeto para a avaliação ambiental estratégica da utilização da água: Curso sobre água subterrânea e a Lei Nacional de Água e Serviços de Água.* Pretória: Universidade de Pretória.

Warren, M. (2001). *Streamlining the water-use licensing procedure for stream flow reduction activities (Racionalização do procedimento de licenciamento do uso da água para actividades de redução do caudal dos cursos de água).* Pretória: Departamento de Recursos Hídricos e Florestas.

Weber, J. (1974) Structure agraire et evolution des milieux ruraux: le cas de la region cacaoyere de centre-sud Cameroun. ORSTOM, Paris, França. **In:** Organização das Nações Unidas para a Alimentação e a Agricultura. (1990). *A grande importância dos produtos florestais "menores": The local use and value of forests in the West African humid forest zone.* Roma: Organização das Nações Unidas para a Alimentação e a Agricultura.

Wild, R.G. e Mutebi, J. (1996). Conservação através da utilização comunitária de recursos vegetais. *People and Plants Working Paper 5.* Paris: UNESCO, pp. 36-40.

White F. (1983). *A vegetação de África: Uma memória descritiva para acompanhar o mapa de vegetação de África da UNESCO/AETFAT/UNSO.* Investigação sobre *os Recursos Naturais* 20. Paris: UNESCO.

Índice

Capítulo 1	2
Capítulo 2	10
Capítulo 3	15
Capítulo 4	31
Capítulo 5	48
Capítulo 6	54
Capítulo 7	62

Printed by Books on Demand GmbH, Norderstedt / Germany